倡导自由探究
鼓励学术争鸣
活跃学术氛围
促进原始创新

新观点新学说学术沙龙文集㊿

岩爆机理探索

中国科协学会学术部　编

中国科学技术出版社

·北　京·

图书在版编目(CIP)数据

岩爆机理探索/中国科协学会学术部编. —北京:中国科学技术出版社,2011. 12
(新观点新学说学术沙龙文集;51)
ISBN 978-7-5046-5974-3

Ⅰ. ①岩…　Ⅱ. ①中…　Ⅲ. ①凿岩爆破-研究
Ⅳ. ①TD235. 1

中国版本图书馆 CIP 数据核字(2011)第 252224 号

选题策划　赵　晖
责任编辑　赵　晖　夏凤金
责任校对　赵丽英
责任印制　张建农

出　　版　中国科学技术出版社
发　　行　科学普及出版社发行部
地　　址　北京市海淀区中关村南大街 16 号
邮　　编　100081
发行电话　010-62173865
传　　真　010-62179148
投稿电话　010-62103182
网　　址　http://www.cspbooks.com.cn

开　　本　787mm×1092mm　1/16
字　　数　250 千字
印　　张　11.5
印　　数　1-2000 册
版　　次　2011 年 12 月第 1 版
印　　次　2011 年 12 月第 1 次印刷
印　　刷　北京市迪鑫印刷厂

书　　号　ISBN 978-7-5046-5974-3/TD·39
定　　价　18.00 元

序言

随着经济建设高速发展，全球范围内浅部资源日益短缺，资源开采必然转向深部。与此同时，世界各国已把地下岩土作为新的国土资源增长点开发，岩土工程正向深部发展，特别是核工业、国防工业、交通、水利等行业地下工程规模和深度均出现高速增长。随着地下工程深度的不断增加，工程灾害日趋增多，其中最重要的问题之一是高地应力诱发的岩爆灾害。

岩爆(rockburst)是地下工程中的一种特殊现象，具有围岩突然、猛烈地向开挖空间弹射、抛掷、喷出的特征。这一现象，在煤炭地下开采中一般称为冲击地压。由于岩爆或冲击地压往往造成采掘空间中支护设备的破坏以及采掘空间的变形，严重时造成人员伤亡和井巷的毁坏，甚至引起地表塌陷而造成局部地震，其成灾机理与预测预报问题已成为岩石力学界必须致力解决的关键科学问题和技术难题。

岩爆是一个世界性的灾害现象。最早观察到岩爆的是1900年印度的Kolar金矿；其后，世界上约有23个国家和地区发生过岩爆。自从人们开始认识岩爆以来，一直在不断地从产生岩爆机理与预测防治进行研究，从强度、刚度、稳定、能量、断裂、损伤、分形以及突变理论方面对岩爆的孕育与发生机理进行了研究，形成了岩爆的强度理论、能量理论、刚度理论和岩爆倾向理论。

近30年来，随着数学力学方法在岩爆研究中的应用，利用非线性动力学、断裂力学、损伤力学和分形几何学、突变和混沌等理论方法，为岩爆发生机理的研究开辟了新途径，并取得了丰富的成果。

在我国，对岩爆的研究是从20世纪60年代才开始的，起步较晚，主要研究单位涉及煤炭科研机构和一些有严重冲击地压的矿区。直至20世纪80年代，岩爆问题才作为国家“六五”、“七五”科技攻关项目进行了有针对性的重点研究，并被列入国家自然科学基金材料与工程科学“九五”、“十五”优先资助领域。2001年，北京香山科学会议第175次交叉学术讨论会上，国内著名专家学者一致建议，要进一步组织力量加强岩爆的机理、预测与控制的关键科学问题研究。为此，我国政府有关部门专门批准立项了国家自然科学基金重大项目“深部岩体力学基础研究与应用”(50490270)、国家“973”计划项目“深部煤炭资源赋存规律、开采地质条件与精细探测基础研究”(2006CB202200)、“煤炭深部开采中的动力灾害机理与防治基础研究”(2010CB226800)等一批国家级重大项目，将岩爆机理及其控制与预测作为项目主攻方向之一展开深入研究。

上述研究工作从不同角度和侧面在岩爆发生的力学机制、控制对策与预测预报等方面都取得了长足的进展，但由于岩石物理力学性质本身的复杂性及地质力学条件及诱发因素、岩石工程施工因素的影响，使得岩爆的机理极其复杂。正如布朗(E. T. Brown,1988)指出的那样：“甚至在岩爆定义上达到一致意见都是困难的。岩爆这个问题的成功答案，目前正在全世界很多研究中心进行着，它代表着岩石力学这门学科的发展和重大突破”。

为此，第51期学术沙龙围绕岩爆机理探索这一主题，邀请了来自欧洲的国际岩石力学学家L. R. Sousa教授以及国内总参科技委、中国科学院相关研究所、高等院校等26名专家学者，就目前国际岩石力学领域的世界性难题——岩爆机理进行了充分交流、争论和探讨，展示了不同学者最新的研究进展和最新的认识。我们将此次沙龙的交流成果汇集成册，是从一定程度上展示我国目前岩爆研究的最新水平，旨在进一步推动我国深部工程岩爆监测与防控技术的发展。

钱七虎 何满潮

2011年7月

目　录

会议时间

2010年7月8~9日

会议地点

北京蟹岛度假村

主持人

钱七虎

由中国科协主办，中国岩石力学与工程学会承办的“岩爆机理探索”学术沙龙现在开始。参加本次沙龙的各位代表都是国内岩石力学界岩爆研究领域的高层学者、著名专家，都曾在岩爆领域进行了深入的研究，做了大量的工作，取得了令人瞩目的成果。虽然以岩爆为主题的国际学术会议已经举行了十多次，但是岩爆机理的研究大多停留在定性解释的阶段；岩爆的预测预警也进行了大量工程实践的探索和研究，取得了不少成功的经验，然而尚未上升到系统的理论，甚至有专家断言岩爆的科学预报不可能实现。我国现阶段的岩石工程规模大、难度高，为世界所瞩目，无论是矿山工程，还是水电工程和交通工程，很多工程的开发进入了深部地下空间，不少工程都遇到了岩爆现象。近年来更发生了多起岩爆引起的重大事故，造成了人员伤亡和施工装备的严重破坏，严重阻碍了工程的顺利进行。岩石工程的实践已经向岩石工程技术工作者提出了严重的挑战。岩爆机理及其预测预报预警的研究已经成为我国岩石力学界必须致力解决的关键科学问题和技术难题。为了解决深地下矿产能源资源开发，西南巨大水能资源开发，长距离、大埋深交通隧道开挖，高放核废料地下处置等一系列深部岩石工程问题，我们岩石力学工作者特别是岩爆研究的技术人员，必须深入研究和弄清岩爆的机理，为深部岩石工程顺利开展提供科学理论和技术支持。

这次以岩爆机理定量探索为主题的沙龙活动，主要围绕岩爆的孕育条件；岩爆的发生发展机理；岩爆的定性定量预测预报预警方法；岩爆对工程围岩的冲击破坏;岩爆条件下的巷道支护和围岩稳定性问题;岩爆防治、控制的技术措施以及岩爆相关的其他问题等主题进行研讨。衷心地希望与会专家学者展开广泛深入的交流,为提高岩爆机理定量研究的理论技术水平和岩爆控制的技术措施作出贡献。我相信在各位的努力下,本次沙龙一定会取得丰硕成果。

岩爆机理的简化分析和决定性参数的思考

◎钱七虎

1. 引言

岩爆，指的是岩石的爆炸，俄文中称为岩石的冲击，叫做冲击地压。大量的研究文献表明，岩爆在多个领域均有发生。俄罗斯对岩爆的研究主要是集中于矿山开采领域，而我国在交通工程、水利工程开发中，也对岩爆现象进行了研究。以前，我国的岩爆主要发生在矿山开采领域，特别是煤矿中经常发生岩爆。欧洲曾经发生岩爆的阿尔卑斯山水道埋深约2100m，我国现在部分水利工程的埋深达到了2500m，也出现了岩爆现象。

岩爆按其发生机理上可以分为三大类，一类叫应变型岩爆，另一类叫构造型岩爆，还有一类是应变和构造混合型岩爆。依据岩体类别来考虑，可以分为均匀岩体岩爆和非均匀岩体岩爆两类。

2. 均匀岩体岩爆机理的简化宏观分析

发生岩爆的均匀岩体要具备以下的特征：岩体一定是强力压缩的岩体，岩体中的地应力如果不高，就不可能会发生岩爆；岩体要经过卸载或者开挖卸载，矿井里叫做采动。从能量的观点来分析，卸载就是变形能转化为动能的过程，转化的关键是要有卸载过程，这是最基本的，卸载的情况，一部分由于开挖引起的，一部分是由于顶板破坏引起的；岩爆的动能等于总变形能减去破坏能。

均匀岩体岩爆的机理，简单地说就类似于一个强力压缩的弹簧突然卸载的情况。

（1）一维弹脆性介质均匀压缩杆件受压破坏模型。

以一维弹脆性介质均匀压缩杆件为例（图1），在 $t=0$ 时刻，移除 σ_0。根据应力波的理论,在杆件里面传播应力波,应力波所到之处应力变成零,向外的速度 $v=\dfrac{\sigma_0}{\rho c}$。此时,岩块的动能为 $\dfrac{1}{2}\rho v^2=\dfrac{\sigma_0^2}{2\rho c^2}=\dfrac{\sigma_0^2}{2E}$,岩石破坏(拉断)的破坏能为 $\dfrac{1}{2}E\varepsilon_p^2=\dfrac{\sigma_p^2}{2E}$,这样,可以得到岩爆块的动能(岩爆的强烈程度)为 $\dfrac{1}{2E}(\sigma_0^2-\sigma_p^2)$。岩块的动能就等于变形能减掉破坏能。

从能量里看,E 是卸载后的模量,也就是下降段的模量。下降段模量或者卸后模量越大,破坏能就越小,岩爆块的动能就越大。如果 E 很小,假如下降段水平接近零,破坏就无穷大,所以动能就会很小。σ_0 是压缩的高应力,应力越高越有可能发生岩爆。一维杆件,有压缩、卸载就有可能破坏,就会发生岩爆。

由上述分析可以得知,均匀岩体中发生岩爆的几个关键参数主要为压缩、卸载、模量等。

(2)多维强力压缩岩块受压破坏分析。

二维强力压缩岩块的卸载问题(图 2),由于应力还要转到支柱,不仅仅是一个 σ_0 的问题,要比一维卸载复杂很多。三维卸载应力更复杂。

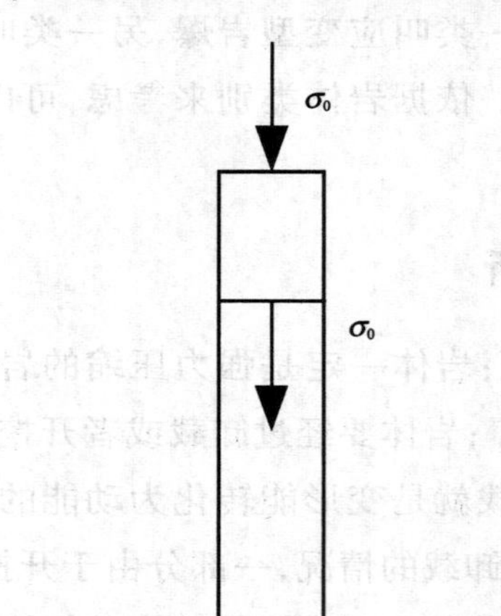

图 1　岩爆原理示意图

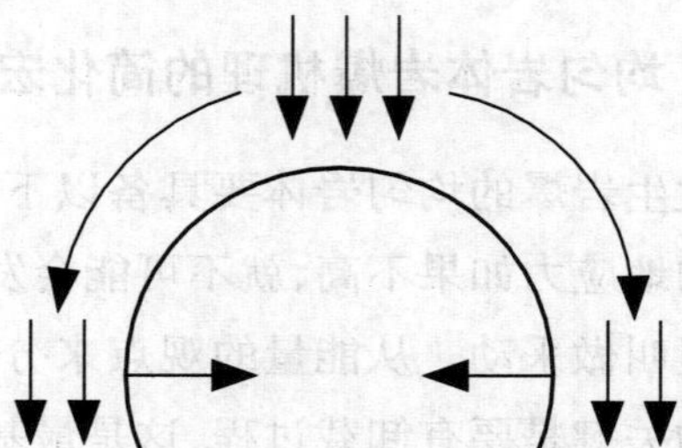

图 2　二维情况下岩爆原理示意图

一维的杆件就是一个卸载,二维采动除了卸载以外还有一个应力,情况就复杂一些。三维的更复杂,多个采动面的岩爆问题就是三维卸载情况下的岩爆问题。

3. 岩体非均匀性影响及局部细观应力分析

实际上的岩体都是非均匀性的，构造就很重要。岩体存在微裂纹、结构面、软弱面等缺陷。构造性岩爆的发生就是结构面、软弱面的存在。岩体中的缺陷决定了各种各样的岩爆。分析研究微裂纹时如何破裂，要确定哪些因素决定破坏能，因为要分析岩爆就要分析原来变形能，变形能比较简单，均匀的地应力，就是破坏分析比较复杂。

（1）基本模型和公式。

非均匀岩石拉破坏模型认为，具有内部缺陷的脆性岩体宏观上应力与应变服从胡克定律，但缺陷附近有应力的起伏分布，缺陷处的不协调变形和应力集中是岩石发生拉伸破坏的主要原因。

岩体内部的局部应力 σ_{ij}^{loc} 可分为两个部分：一是弹性应力 σ_{ij}^{e}，遵循胡克定律，在整个区域内均匀分布；二是缺陷引起的附加应力，仅在缺陷区域内不为零。忽略脆性岩石拉伸破坏过程中的塑性变形，局部应力 σ_{ij}^{loc} 可表示为两部分之和：

$$\sigma_{ij}^{loc} = \sigma_{ij}^{e} + \Delta\sigma_{ij} \tag{1}$$

在准静态加卸载或较低应变率（$<10^0\ \mathrm{s}^{-1}$）情况下，缺陷处应力集中的演化方程可用下式近似：

$$\frac{\mathrm{d}\Delta\sigma_{ij}}{\mathrm{d}t} = K\rho c_s^2 \dot{e}_{ij} - \eta \frac{\Delta\sigma_{ij}}{l} \tag{2}$$

其中 e_{ij} 为偏应变，$e_{ij} = u_{ij} - (1/3)\delta u_{ij}$，$\delta$ 为克朗内克符号，$\dot{e}_{ij}$ 上的点代表其随时间的变化率，$\Delta\sigma_{ij}$ 和 K 分别为特定尺寸的缺陷上的附加应力和材料的应力集中系数，ρ 为介质的密度，c_s 为剪切波波速，η 为影响附加应力松弛速率的材料参数，l 为缺陷的尺度。

式（2）右侧第一项代表剪切应变导致的附加应力，其形式类似于胡克定律；第二项描述了附加应力的松弛，假设附加应力松弛速率 $\mathrm{d}\Delta\sigma_{ij}/\mathrm{d}t$ 的大小与缺陷尺寸成反比。

该模型考虑了缺陷处的应力集中和松弛对材料应力场的影响，也考虑了加载速率或应变速率对附加应力的影响。

(2)应力集中产生机制。

图 3 概略描绘了不均匀材料中缺陷处应力集中的一种特殊情况。在 z 轴应力卸载过程中,由于不同材料之间变形的不协调性,将在 z 轴方向引起局部应力场。$\Delta\sigma_{zz}(t)$ 特指 t 时刻应力集中区 z 方向附加应力的最大值。缺陷的尺度则定义为应力集中区在垂直于考察方向的跨度。

缺陷处的应力集中既可能是由于微裂纹导致的,也可能是由于晶核或其他包含物与其周围材料的变形特性差异导致的。

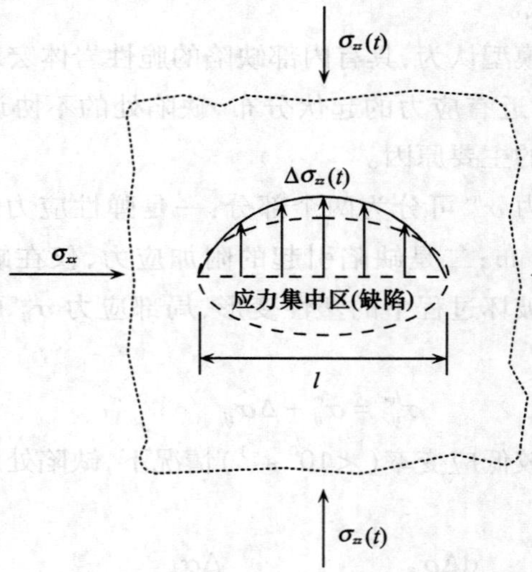

图 3　缺陷应力集中区示意图

为简要说明岩体中缺陷处拉应力集中的产生机制,假设一平面应力状态的岩体,其侧向应力保持不变,而按一定速率卸载。由于竖向应力的卸载,岩体中必然产生剪切应力和偏应变。若材料均匀连续,则岩体中微小单元将在应力的作用下发生畸变,占据新位置,但是实际的岩体中,由于材料的非均匀性,不同部位的变形是不同步的,这就不可避免地会在缺陷内部和边界产生应力集中。

可以预见,由于变形不协调而导致的应力集中不仅和缺陷的尺寸有关,还必将与应力的变化速率有关。根据缺陷的形状和缺陷内外材料变形特性的差异，其应力集中的程度和消散的快慢必定是不一样的。

但正如前面提到的，岩石内部包含了大量的缺陷，其大小形状各异，既无可能也无必要对其一一考察。因而充分利用岩石内部缺陷的自相似构造特性，在细观机理和宏观力学表现之间建立简洁但基本符合实际的定量联系，通过尽可能少的参数来反映尽可能多的特性是必要且可行的。

式(2)中出现的岩石参数有5个，分别是密度、剪切波速、材料应力集中系数、材料应力松弛系数和缺陷尺度。前四个参数可以通过宏观试验确定，缺陷尺度的确定较复杂，拟另文讨论，本文中假设缺陷尺度及其分布是已知的。

(3)围岩的卸载拉裂。

假设岩体受静水压力的作用，应力作用的时间足够长，岩体中的缺陷处的应力集中已经完全松弛。在其中一个方向上卸载(图4)，来考察岩石的应力应变状态。

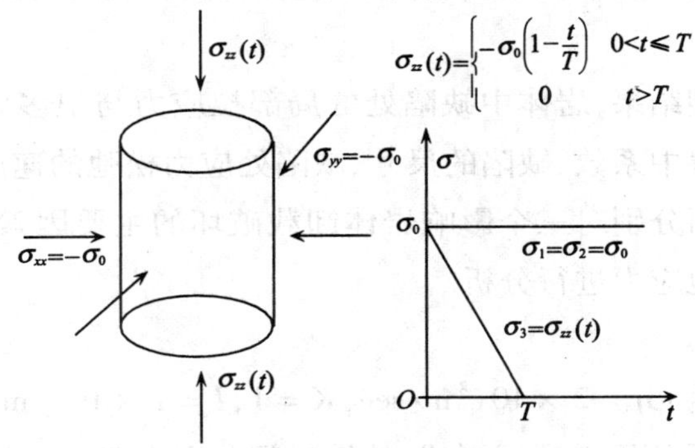

图4 卸载示意图

假设岩体 x 轴、y 轴方向应力保持不变，z 轴方向线性卸载，卸载公式为：

$$\sigma_{zz}=\begin{cases}-\sigma_0\left(1-\dfrac{t}{T}\right) & 0<t\leqslant T\\ 0 & t>T\end{cases} \tag{3}$$

其中 T 为卸载持续时间。

缺陷处 z 方向的局部拉应力的大小为：

$$\Delta\sigma_{zz}=\begin{cases}\dfrac{K}{3}\dfrac{\sigma_0}{T}\dfrac{l}{\eta}(1-e^{-\frac{\eta}{l}t}) & 0<t\leqslant T\\ \dfrac{K\sigma_0}{3T}\dfrac{l}{\eta}(1-e^{-\frac{\eta}{l}T})e^{-\frac{\eta}{l}(t-T)} & t>T\end{cases} \tag{4}$$

缺陷处的局部应力 σ_{zz}^{loc}是由 σ_{zz}^{e}和 $\Delta\sigma_{zz}$组成的。考虑到 $\sigma_{zz}^{e}\approx\sigma_{zz}(t)$,可得:

$$\sigma_{zz}^{loc}=\sigma_{zz}^{e}+\Delta\sigma_{zz}\cong\sigma_{zz}(t)+\Delta\sigma_{zz}=-\sigma_0\left(1-\frac{t}{T}\right)+\frac{K}{3}\frac{\sigma_0}{T}\frac{l}{\eta}(1-e^{-\frac{\eta}{l}t}) \tag{5}$$

4. 深部围岩卸载拉伸破坏的影响因素

随着对地下空间和矿产资源的开发逐步深入深部,深部围岩的破坏问题引起了越来越多的关注。研究深部围岩在卸载条件(绝大多数地下工程涉及卸载过程)下的拉伸破坏模式(包括剥落、劈裂、岩爆和分区破裂化等)对于加深复杂应力条件下岩石的力学性质和提高地下空间、资源利用的安全性具有重要的意义。

依据前述模型结果,岩体中缺陷处的局部拉应力与很多因素有关,主要包括缺陷处的应力集中系数、缺陷的尺寸、缺陷处应力松弛的速度、初始应力和加卸载时间等。下面分别对三个影响岩体卸载破坏的主要因素:卸载速率、缺陷尺寸分布和初始地应力进行分析。

(1)卸载速率。

设岩体参数为:$\eta=2\times10^{-8}$ m/sec,$K=1$,$l=1\times10^{-6}$ m,初始应力 $\sigma_0=$ 50MPa,卸载模式采用图 5 所示形式,持续时间分别为 50s、100s、200s 和 400s。

从图 5 中可以看出,卸载速率越快,缺陷处的附加应力增长就越快,附加拉应力峰值就越高。依据本例的参数,在快速卸载的情况下($T=50$s),平行于卸载方向的拉应力峰值可达 11MPa,超过一般岩石的抗拉强度,将导致一定尺度范围内的缺陷被激活,触发岩石内部微裂纹的不稳定发展过程,进而可能导致岩石在快速卸载情况下的拉伸破坏。卸载结束后,附加应力逐步松弛,松弛的速度随附加应力峰值的增大而增大。

从图 6 中可以看出,卸载速率较快时(如 $T=50$s),缺陷处的局部应力迅速从压应力转变为拉应力,并在卸载结束时达到最大值,之后逐步松弛。如果局

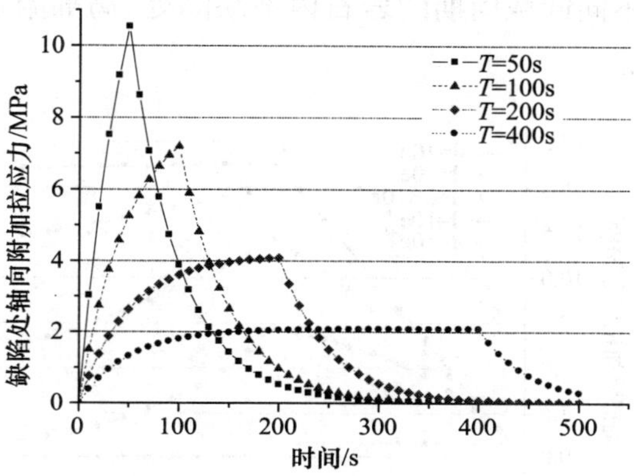

图 5　卸载时缺陷处附加拉应力的时程曲线

部应力超过缺陷处材料的抗拉强度，将使岩体在缺陷处发生破坏，进而导致裂纹的扩展。而卸载速率较慢时（如 $T=400\text{s}$），缺陷处的附加拉应力较小，并在卸载结束后逐渐松弛，较难引起岩体的破坏。

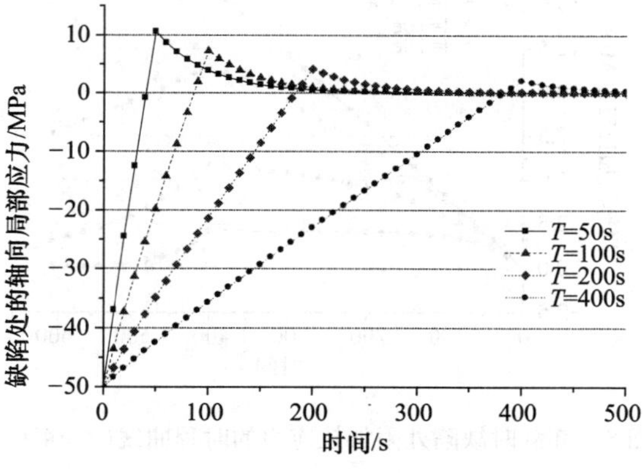

图 6　卸载时缺陷处局部应力的时程曲线

（2）缺陷尺度。

设定应力松弛速率 $\eta=2\times10^{-8}\text{m/sec}$，应力集中系数 $K=1$，初始应力 $\sigma_0=50\text{MPa}$，改变加卸载速率和缺陷尺寸大小，分别考察附加拉应力与卸载速率及最大附加拉应力与缺陷尺寸之间的关系曲线。卸载模式仍采用图 2 所示形式。

轴向卸载时，不同卸载周期的岩石内部缺陷处，局部附加应力大小变化情况参见图7和图8。

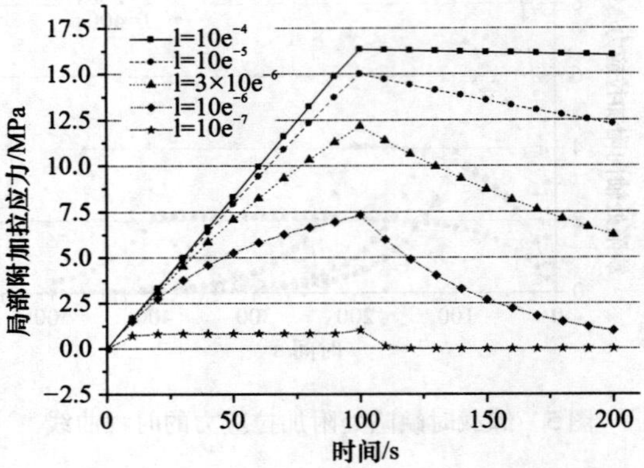

图7　卸载时缺陷处附加拉应力的时程曲线（$T=100s$）

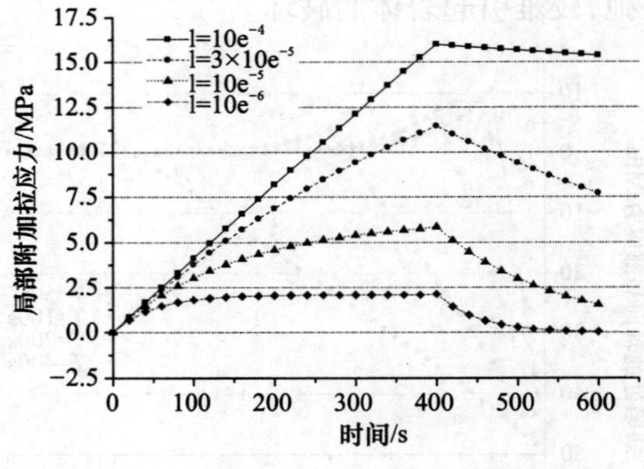

图8　卸载时缺陷处附加拉应力的时程曲线（$T=400s$）

从图7、图8可以得出如下结论：①对于同样的卸载速率，卸载持续过程中，较大尺寸缺陷处的局部附加应力与时间基本成正比，而较小尺寸缺陷处的局部附加应力与时间的关系则是非线性的；②卸载速率相同的情况下，缺陷的尺寸越大，则同一时刻缺陷处局部附加拉应力的数值就越大；③缺陷尺寸较大时，卸载过程完成后其局部应力集中衰减较慢；④缺陷尺寸大小与局部附加拉应力之间的关系是非线性的，缺陷尺寸很小或很大时，局部附加拉应力对缺陷尺寸的变化不敏感。

图 9 为轴向卸载情况下卸载结束时的最大局部附加拉应力和缺陷尺寸之间的关系。从图 9 可以看出，不同的加卸载速率激活的缺陷尺寸不同，对于一定的卸载速率，只有大于一定尺寸的缺陷处才会产生较大的拉应力集中，加卸载速率越快，被激活的缺陷的临界尺寸越小。也就是说，当偏应变率较高时，细观层面上和微观层面上的缺陷被同时激活，均产生较大的局部拉应力；而在偏应变率较小的情况下，只有尺寸较大的缺陷才会被激活。

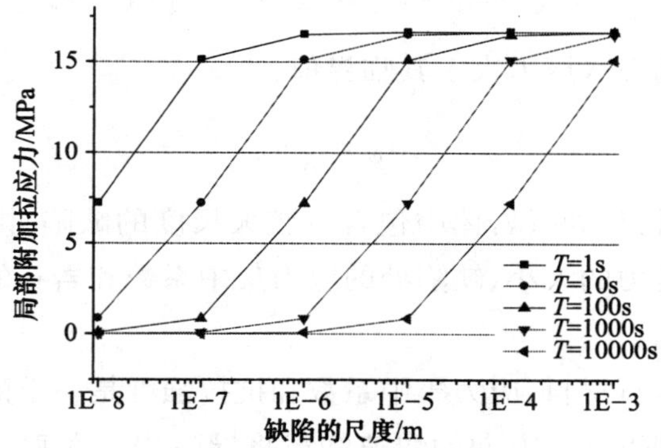

图 9　卸载时最大附加拉应力与缺陷尺度之间的关系

依据模型公式，假设岩石的剪切波速为 3000m/s，密度为 2500kg/m³，则当 $T=1$s 时，岩石的偏应变率约为 10^{-3} 量级。对照图 9 中的曲线和偏应变量级，可得偏应变率量级与被激活缺陷的临界尺寸的量级之间的大致对应关系如下表。

偏应变率和被激活的缺陷尺寸量级对应关系表

卸载时间(s)	偏应变率量级(s^{-1})	被激活缺陷的尺寸量级(m)
10^0	10^{-3}	$>10^{-7}$
10^1	10^{-4}	$>10^{-6}$
10^2	10^{-5}	$>10^{-5}$
10^3	10^{-6}	$>10^{-4}$
10^4	10^{-7}	$>10^{-3}$

(3)初始地应力。

若缺陷尺寸较大,卸载过程中始终有 $l >> \eta t$,则可将式(4)中的第一式作迈克劳林展开:

$$\Delta\sigma_{zz} = \frac{1}{3T}\frac{l}{\eta}K\sigma_0(1 - e^{-\frac{\eta}{l}t}) = \frac{1}{3T}\frac{l}{\eta}K\sigma_0\left(1 - 1 + \frac{\eta}{l}t + R_n\right) \cong \frac{1}{3}K\sigma_0\frac{t}{T} \quad (6)$$

当 $t = T$ 时,缺陷处的局部拉应力最大,岩体在缺陷处发生破坏的临界条件可表示为:

$$\sigma_{zz\max}^{loc} = \sigma_{zz}(T) + \Delta\sigma_{zz}(T) = \frac{K}{3}\sigma_0 = \sigma_p \quad (7)$$

也就是初始的静水压力大于其临界值:

$$\sigma_{0c} = \frac{3}{K}\sigma_p \quad (8)$$

由上式可以看出,如果岩体中包含有较大尺度的缺陷,则岩体是否发生破坏主要是由初始应力的大小、缺陷处的应力集中系数和岩石的抗拉强度之间的关系决定的。

对于特定的岩石材料,应力集中系数和抗拉强度是一定的,可以预测,在初始静水压力的作用下某一方向的快速卸载将导致岩体在垂直于卸载方向的拉伸破坏,该破坏形式的决定性因素是卸载前初始静水压力的大小。

5. 结论

岩爆的决定性参数主要包括初始地应力、卸载速率(开挖速率)、非均匀性(微缺陷、结构面、软弱面)。对卸载速率(偏应变率)、缺陷尺寸和初始应力对岩石卸载过程中缺陷处的应力集中的影响的研究结果表明:①缺陷的尺寸越大,局部附加拉应力的数值就越大;②缺陷尺寸很小或很大时,局部附加拉应力对缺陷尺寸的变化不敏感;③一定的应变率条件下,只有大于一定尺寸的缺陷被激活,产生较明显的拉应力,加卸载速率或偏应变率越高,其所激活的缺陷的尺寸就越小;④缺陷处的局部拉应力与初始应力成正比。

姜耀东：

刚才钱院士给我们做了很好的报告，给了我们很多启发。岩爆，搞煤矿的人叫冲击地压，其实在英文里也是有的。在美国，英文里岩爆和冲击地压也有差异。您刚才讲的林克夫5cm/s，我算了一下，相当于每分钟3m，每小时180m。这样的速度有没有相关的例子？

钱七虎：

这是机械采掘，是切割速度。这篇文章你们可以看一看，发表在20世纪末。

姜耀东：

这个数据和我们理解的还是有差异的。工程每天2.4~2.5m。

钱七虎：

我把这篇文章给你们，是哪个煤矿都有的。

姜耀东：

推进速度是往前走的速度，而不是切割的速度，一般是这么理解的。

汤　雷：

除了本身影响，速度很快，卸载过程中为什么速度影响能够控制岩爆？附加拉应力大。

岩爆机理及其判别准则探讨

◎何满潮

我现在把中国矿业大学（北京）深部国家重点实验室的研究工作向大家汇报一下。我们主要从实验方面，特别是室内实验方面做了一些岩爆研究工作。汇报不当之处，请各位专家提出批评指导意见。

汇报分以下几个部分：岩爆的现象；岩爆机理；岩爆分类及其判别准则；岩爆实验装备。大家知道，我们做了一个开挖的岩爆实验装置，现在研发了第二套装置，开挖以后其他的因素（比如爆破，或者其他动力学荷载）对它进行扰动，扰动以后产生岩爆现象。

2009 年在锦屏参加会议时，Hudson 给了我一个录像，是秘鲁发生的现场岩爆现象，这是特别珍贵的资料。开挖以后，而且在有支护的情况下，岩石发生岩爆过程。科学家总是希望能够在室内用实验室再现，可以变动很多条件来研究岩爆的特点。下面把实验结果给大家叙述一下。

开挖产生突然的卸载，卸载以后，岩石是带有能量的，因为是高应力状态，单向卸载形成自由面，沿着自由面产生快速能量释放。岩爆分三个阶段，开始是颗粒状的弹射，然后是颗粒和片状的弹射，最后发生全面岩爆。这个过程和刚才说的现场岩爆比较接近。

岩石力学教科书上认为峰后的延性破坏，要发生岩爆可能性比较小，脆性岩石发生岩爆可能性比较大。刚才我说了一个观点，发表在 2006 年《岩石力学学报》里的一篇文章上，提出了脆延性转化是与应力状态有关的学术观点，在浅部可能是脆性深部高应力状态变成延性，脆延性变化与岩爆到底有无关系。我们做岩爆实验 260 多次，其中有很多泥质砂岩，应力应变曲线很像第一种延性，但是也可以产生岩爆，为了说明这几个观点，我把泥质岩石的岩爆现象给大家放一下（图略），看看这几个岩爆实验结果。

水平层理的泥质砂岩产生岩爆位置是靠近顶板，下面同样的岩石，转换它的产状，把产状变成竖向，看能否产生岩爆，或者产生什么样的岩爆。竖向产生的岩爆是在帮部偏下部位产生的局部岩爆。我们从结构上还可以给出突然卸载的自由面，平行于自由面竖向的结构泥质砂岩。平行于自由面的岩爆的模式是全断面的岩爆。

通过这些岩爆，延性的岩石，破坏后面拖着尾巴比较长的也是可岩爆的，这迫使我们思考。我曾经请教过钱七虎老师，钱老师说要找出多余的能量，多余能量怎么把破坏的岩石推出去，变成速度。后来我们苦苦思索这个事情，因为用传统脆延性解释不了，最后用图1来解释。如图所示，在快速卸载情况下，可以得到较高的峰值强度，只要满足这么多能量就可以让它坏掉。破坏需要的能量，与应力应变曲线下的面积是有关系的。卸载速率很高时，加载速率也很高。高速卸载伴随着 $\sigma_1 \sim \sigma_3$ 高速加载，在 σ_1 的方向上会承受比 σ_c 高的荷载，在所对应的 $\sigma \sim \varepsilon$ 曲线上，多出一块能量来。如果这样的话，就可以把整个能量分成两块，一块是 σ_c 破坏时需要的能量，这块能量就可以把岩石破坏，里面出现很多裂纹，而多出的这块能量可以把破碎的岩体推出去，变成速度。如果没有多余能量，就是破坏，存在多余能量的破坏，就是岩爆。

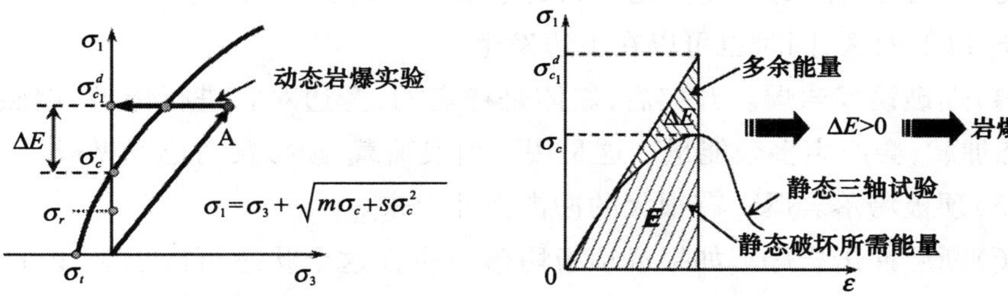

(a) 岩爆实验应力路径　　(b) 岩爆能量来源

岩爆产生机理图

那么，多余的能量是如何产生的？根据我们目前做的实验，把岩爆分成两大类：一类是开挖型的岩爆，在原始应力场进行开挖引起的岩爆，包括现在做出来的瞬时岩爆、滞后岩爆、岩柱岩爆；另一类是开挖－冲击诱发型岩爆，比如旁边施工爆破对现有巷道进行冲击。还有一种是煤矿的顶板垮落造成很重要的冲击荷载。早上讲到地下 150m 也可以岩爆，150m 深度是很稳定的岩体，但是在垮落的冲击作用下，冲击荷载瞬间很大，也会产生岩爆；还有一种是断层错动冲击型岩爆。

这几类应力路径是什么？我们做了实验。

（1）瞬时岩爆。岩爆是一种破坏，应该遵循 H－B 破坏准则，这时候应力状态，比如巷道应力状态在 A 点，具有 σ_1 垂直应力和 σ_3 周压。在瞬间开挖情况下，σ_3 迅速回 0，由于卸载速率很快，引起比较高的承载量。这时候里面承担的能量有一部分用作破坏，多余的把破坏岩块推出去，变成速度。这是瞬时岩爆的机理。

（2）滞后岩爆。它的应力状态在 B 点，开挖到 0 时，实际上低于单轴抗压强度。岩石快速卸载到这儿以后，马上 σ_3 的影响伴随着 σ_1 方向应力快速增长。快速到什么程度？足以承受比较大的荷载。这时候又产生了多余的能量，这个多余的能量会把破坏的岩体推出去。

（3）岩柱岩爆。σ_3 变化的同时，σ_1 也在变化，因为围柱小，面积变小，整个应力就变大，它的整个应力路径是斜的。应力路径在减少 σ_3 的同时，σ_1 按照岩柱应力增加来设计岩爆过程。这时候也是卸载速率原因，会获得比较高的荷载强度，得到比较高的强度。比较高的速率会得到多余能量。岩柱岩爆可以在高于 σ_c 以上的区，同时也可以在下边发生。

（4）爆破诱发岩爆。开挖后，岩体是稳定的，旁边对它进行爆破，爆破波对它动态加载，会产生多余能量。这是爆破引发荷载，模拟装备已经做成了。

（5）顶板垮落岩爆。有很大的冲击力冲上来。

（6）断层冲击岩爆。如果说顶板垮落只有在这个状态可以出现，断层的冲击有可能在下面这两种状态都可能进行冲击。σ_c 是单纯抗压强度，σ_{ic} 是裂纹扩展需要的应力状态。

开挖诱发型岩爆模拟实验系统，目前可以用声发射、红外成像、荷载路径、位移监测等。

对于冲击诱发型，其实验过程是先开挖，再加载。模拟巷道是稳定的，受静压是稳定的，根据抗压情况，可以大致判断这个时候接近于临界状态，要不然对它扰动会很大。然后再给它扰动，冲击扰动可以由液压系统给出不同波形，模拟。在三维承载情况下,加上波的扰动,这个扰动初期产生冒气,先出的是气体,然后再崩落,最后进行垮落,不断地加强扰动强度,就会变成这样。

主要结论:岩爆现象可以在室内的实验系统上进行再现,通过岩爆实验过程分析,可以为岩爆机理研究提供有价值的科学数据;通过实验可以将岩爆初步分为:开挖岩爆型和开挖—诱发型两大类,前者是在原始应力场基础上开挖所造成的,后者是在开挖—诱发叠加应力场加之新的动力学扰动所造成;断层诱发型的岩爆的实验系统目前刚设计完成,可望在未来几年有相关的实验研究成果出现。

钱七虎:

液压系统升压时间多少?方形波升压时间是0,怎么产生的?

何满潮:

现在来不及回答这些问题,尚有很多数据没有分析。这套实验系统也是做了五六年,今天说的是第一个实验,将来实验还要陆续做下去。

钱七虎:

这个实验很好,特别是三个爆破诱发型、断层诱发性型、顶板诱发型,真要模拟的话,要把爆破波形,现场是什么样的波形,顶板断裂型,顶板断裂冲击的波形记录下来,实验室要重现这个波形,才真正是断裂波形。这个原理不违反,还是要变形能大于破坏能,这个能量不够就要外加能,本来是稳定的,外加能以后,变形能还是大于破坏能。

不是强力压缩岩体也产生岩爆,外加,强压缩岩体本来是变形能,现在不够,这种条件下,一般情况不会岩爆,要用外加条件下的岩爆。另外,还有一个图(图略),加能是对的,但是破坏能放在这里是不对的,岩石的破坏,土可以有回弹,岩石破坏这里就开始出现初始裂缝,微裂纹高了以后一定是这样的,岩石破坏的曲线不可能回来,它的破坏能力是这个能量。我们准则是五因素,有一个能量一定倾向于这块能,不是到里面的能。

岩柱的破坏,加压时,失稳破坏,越薄,加的压力越小,柱的面积越小,失稳荷载越小,这时候的破坏应当是另外一种构造,所以岩柱破坏是失稳破坏。

何满潮:

难吗?图1所示岩爆能量就是别减去下面的能量,应减去后面的能量。

钱七虎:

外加一个能量。

何满潮:

前面大三角能来减后面的能量。

齐庆新:

我觉得图1还有个问题,对于一块岩石,σ_c是固定的,强度一定不会超过它,如果超过它肯定是不可能存在的。如果超过它能存在,横轴一定不是应变,而应该是时间。所以这涉及动载和静载的问题,我们实验系统条件下应该是动载和静载的转换。这是我的观点,不一定正确。

何满潮:

你说的忽视了速率效应的影响,实验速率高的时候会获得比较高的值,实验速率比较低的时候,获得比较低的值。

钱七虎:

你再做一个实验。我建议要开挖,加压时,一边用钻头开挖,一边测水平应变和垂直应变,测拉应力波过去的速度,还有测减应力增加的速度,测出来的实验数据对你形成岩爆理论会有很大的启发。俄罗斯有两个数据,我也无法验证是否对,你将来做实验,可以用第一手资料来检验它。对岩爆滞后性就有新的启发。

潘一山：

分析应力路径及判别准则，顶板垮落型岩爆，断层错动型岩爆，释放能量主体完全是顶板释放能量，是周围断层围岩上下层，这种分析是否考虑周围岩体的影响？因为这个时候释放能量主体已经不局限于最小块岩石，实际是储存在顶板当中，实验级能量把这个摧毁了，对于顶板或者断层，是顶板储存这种巨大能量，通过顶板作用，显现的是工作面或者巷道，但实际能量是顶板给它的。

何满潮：

断层突然错动，给了它动力荷载，然后通过围岩作用到这里。顶板比它要近。我们现在测那个波到底归为哪一类波，强度有多大，最后怎么模拟。这项工作还刚刚开始。诱发型岩爆，我们目前做了一类，岩样尺寸是160mm×160mm，做到三向承载，轴向卸载，沿着动的轴向要有荷载，与现场一致。三向加载还想看清里面东西就比较困难，最后用针型照相机才把这个看到。机器在里面挖巷道，怎么弄还没想好。

方祖烈：

这个要实现，事先要埋好各种传感器，然后用小钻头往里挖。

姜耀东：

这个事情启发我们，有几个问题，岩石本身固有属性，脆性，这是引起岩爆的一种原因，这种情况下往往引起岩爆。本身不具有脆性，但是是一个系统，像矿柱，引起外部立面过来以后，使这个系统失稳；还有断层本身滑动。有这三种类型。

姜福兴：

提出一个诱发冲击力学条件，这个条件不一定发生冲击，非脆性也发生冲击力，但是这个概念完全是不一样的，今天上午讲的，大体积中膨胀性能量突然出来,从力学上讲是不一样的。现在我们讲机理的时候,有很多是拿石块来讲,但很多是在大的结构下发生,结构完全不一样。

姜耀东:

我们害怕的是系统的毁灭性破坏。

姜福兴:

单纯从这方面去做,能讲清一些道理,但是不能包含全部。特别讲到内场和外场,我们在判定一个地方会不会发生冲击首先看外场,看外场会不会作用到内场当中来,是通过这样来考虑的。完全避开外场和内场相互作用讲一个点,很难讲得透。

钱七虎:

大规模岩石的突出或者煤体的突出会列入岩爆。

王明洋:

不是一个局部的,是相互作用的。

齐庆新:

大型工程是能量的补充,边界完全发生变化,范围大。

何满潮:

关于刚性压力机的事情,我们课题组内部也争论了三次。其实岩爆发生是岩层系统发生的现象,而不是岩石材料的性质。岩爆发生周围不可能是刚性的,要是刚性的,我们旁边对它的扰动加载不可能。这个系统应该怎么去弄,这是一个问题。

我们现在仅仅用刚性压力机了解岩石材料本身的特性。岩石材料本身也受系统的影响,材料本身的特性可以用刚性实验去进行理解,但是岩爆恐怕不仅仅是材料本身的事,还是一个工程岩体系统。

福兴教授提出岩块弄得太小了,想做1:1实验,这是不可能的。现在我们岩爆力学实验,相当于我们岩体力学中的岩块力学。这个实验的意义在于有这么一个开端,让我们理解后面的东西,需要阶段性的推进。

唐春安:

回顾一下20世纪60年代美国库克等提出刚性加载的概念,刚性大,大到一定程度,研究的就不是失稳。但是要注意,失稳过程和刚性有关系,可能是一个系统,研究这个状态,但一定要记住这个状态不是对任何条件都成立的。1993年我有一篇文章,把本来不是刚性加载系统现象放到刚性加载去研究,得到稳定的结果。本身没放在系统就不是刚性系统,否则就不会失稳,会失稳表示周围介质一定不是刚性的,研究的时候要考虑系统,如果撇开刚性是不对的。

回到脆性问题,如图曲线(图略),这个系统加载在刚性时变成这样一个曲线,会上升一点。这个问题关键,有一个公式,如果只考虑它的时候,得到这个行为,可能只看局部,把两个放在一起时,如果刚性很大,得出一个行为,刚性很小是另外一个行为。老是考虑岩块部分就有问题。它的刚性刚度跟这么大石块相比肯定是柔性设计。不是说这种没有用,非常有用。它整个过程靠外界能量。

何满潮:

唐教授用了一个方法,先假定研究岩块,然后再提出很多问题。周围通过垫片加载结构,调整刚硬块刚度,来计算系统刚度,围岩刚度,这两个之间怎么做,比较难。这个问题难点是在野外发生以后,周围岩体刚度就没有了,必须从地质角度了解它的厚度、强度、结构,最后要给出一个评估系统,然后调整垫块。

唐春安:

因为是沿着石块,有隧道就好了。

何满潮：

如果直接加在岩块上，说这个问题就对了，但恰恰不是这样，首先加载垫块，可以调整垫块的厚度，然后再通过垫块加到岩石上。虽然这个系统可能模拟起来相对比现场简单，但科学实验总是从简单的问题去理解复杂的东西。

关于煤矿冲击地压机理、预报与防治的思考

◎姜耀东

1. 关于岩爆与冲击地压的定义

关于地下工程和采矿工程中出现的岩石动力破坏现象，由于行业背景的差异，在我国有着不同的习惯称呼，在水电、交通、隧道等行业称为岩爆，在煤矿和冶金等采矿行业称之为冲击地压。

目前在学术界，关于岩爆与冲击地压的定义仍然不是很清晰，我用百度查了一下全国科学技术名词审定委员会审定公布的岩爆和冲击地压的定义分别如下：

岩爆：英文名称 rock burst，rockburst。

定义 1：地下工程开挖过程中由于应力释放出现围岩表面自行松弛破坏并喷射出来的现象。应用学科：电力（一级学科）；通论（二级学科）。

定义 2：在地应力高的岩体中开挖硐室，围岩应力突然释放，岩块破裂并抛出的动力现象。应用学科：水利科技（一级学科）；岩石力学、土力学、岩土工程（二级学科）；岩土工程（水利）（三级学科）。

冲击地压：

冲击地压又称岩爆，是指井巷或工作面周围岩体，由于弹性变形能的瞬时释放而产生突然剧烈破坏的动力现象，常伴有煤岩体抛出、巨响及气浪等现象。它具有很大的破坏性，是煤矿重大灾害之一。

同时指出，冲击地压和岩爆是同义词，已合并。

在英文文献中有 coal burst，coal bumps，coal bounces 这样的专业术语，对应着煤炭行业中的“冲击地压”。

我个人认为，煤炭行业所理解的“冲击地压”和水电交通行业所理解的“岩

爆”是既有共同的地方又有不同的地方。共同点是都是“在地应力高的岩体中开挖硐室,围岩应力突然释放,岩块破裂并抛出的动力现象”。差异是,在煤炭行业把这种动力现象是否产生“破坏性”、是否成为“灾害”作为标志,如果这种动力破坏没有成为“灾害”、不影响安全生产,可以不予理睬,即可以不采取治理措施;否则就要采取治理措施。也就是说在煤炭行业,通常只把要采取治理措施的岩石破坏动力现象称为“冲击地压”。

这种理解上的差异是由行业对工程的要求不同所产生的。在煤炭行业,由于井巷或工作面工程的相对临时性和经济性要求,通常是可以容忍井巷或工作面围岩发生破坏但不使结构的失稳而满足安全生产要求即可;而在水电交通行业的隧道等地下工程中是不能容许围岩发生破坏和产生大变形的。另外,采动应力是煤矿等矿业工程的一大特点,水电交通行业的隧道工程通常没有采动影响。

因此,如果从是否有“采动应力”这一点讲,“岩爆”是“冲击地压”的一种特例,因为“岩爆”只是开掘应力诱发,而“冲击地压”既可以是开掘应力诱发,也可能开掘好一段时间后由“采动应力”诱发。

岩爆和冲击地压都是一种破坏现象,应力是引起它发生的根本诱因。但煤矿中的“冲击地压”和水电交通行业中的“岩爆”,本身还是有差异的。就像一个人得了癌症,癌症是他最终的病例表现,癌症原因可能是各种各样的,抽烟、不良生活习惯等。煤矿中的“冲击地压”和水电交通行业中的“岩爆”可能有差异,这种差异本身造成我们在研究机理和预警预报时也是有差异的。

目前全国科学技术名词审定委员会审定公布的岩爆定义中,只强调“地下工程开挖过程中”和“在地应力高的岩体中开挖硐室”所发生的“岩爆”,而没有考虑到已经掘好的巷道一段时间后(一个月甚至一年),由于采动应力或矿震引起的“冲击地压”。因此我个人观点,从行业背景上理解,“冲击地压”和“岩爆”还是分开为好,定义为同义词不是很合适。

这几天我查了一下相关英文文献,发现和国内一样,国际上关于岩爆的定义也是多样的,其中 J. Whyatt, T. Williams 和 B. White 等人在 60 YEARS OF ROCKBURSTING IN THE COEUR D' ALENE DISTRICT OF NORTHERN IDAHO, USA: LESSONS LEARNED AND REMAINING ISSUES 一文中有如下一段

原文可供大家思考：

The term “rockburst” has been defined in an impressive variety of ways. From a practical standpoint, the regulatory definition (30 CFR 57. 3000) is most relevant to U. S. mines. This definition is: A sudden and violent failure of overstressed rock resulting in the instantaneous release of large amounts of accumulated energy.

This definition is somewhat vague as to whether a failure must result in actual damage to a mine or even a real hazard to miners in order to be classified as a rockburst. The definition of an MSHA – reportable rockburst is more explicit (30 CFR 57. 3461). A rockburst must be reported to MSHA if it ① Causes persons to be withdrawn, ② Impairs ventilation, ③ Impedes passage, or ④ Disrupts mining activity for more than 1 hour.

In other words, there must be damage to the mine, sufficient injury to a person for that person to be withdrawn from a work area, or sufficient concern over the safety of miners to either withdraw miners or disrupt mining activity for more than 1 hour.

2. 关于煤矿冲击地压的特征

我把煤矿开采做了一个动画(略)，大家可以看出煤矿深部开采与地下厂房、水电硐室、地铁隧道等其他地下工程的差异。

与地下厂房、水电硐室、地铁隧道等其他地下工程相比，煤矿深部开采具有十分鲜明的特征(见图 1)：①开采空间范围大。我国深部煤矿普遍采用长壁开采方法，形成了数十万甚至数百万方的开采空间，开采范围之大、采动波及之广是其他任何地下工程不能比拟的；②开采扰动强烈。大空间快速推采的长壁开采方法对围岩形成强烈开采扰动，引起上覆岩层垮落、地表大面积变形沉降，尤其是对于深部一矿一面集中开采的千万吨级矿井而言，开采所导致大范围的强烈扰动更是浅部开采和其他地下工程所不能比拟的；③介质属性复杂。除了深部煤田地质赋存条件的复杂性外，大范围开采对采掘空间周围煤岩体形成反复扰动，使之多次经历变形、破坏过程，致使煤岩体的介质属性既具有断续结构特征，又具有破断介质属性；④动力灾害频率和强度明显增加。深部工作面处于高地应力和强卸载共同作用下，采掘诱致地应力重分布时空关系复杂，高应力释放、转移、传递引起的煤岩体能量耗散与能量释放过程的动力学特征明显，极易诱发冲击地压、矿震、顶板大面积来压等动力灾害，动力灾害的频率和强度与浅部开采相比明显增加。

图1 煤矿开采收起的岩层扰动示意图

煤矿冲击地压、顶板大面积来压和矿震这种动力灾害现象发生时一般没有明显的宏观前兆，具有突发性、瞬时震动性、巨大破坏性的特征，事先难以确定发生的时间、地点和强度。深部煤矿动力灾害是特定地质赋存条件下的煤岩体系统由于采矿活动在变形破坏过程中能量的稳定态积聚、非稳定态释放的非线性动力学过程，是其外部荷载环境、内部结构、构造及其物理力学性质的综合反映，其形成过程非常复杂，涉及地质、采矿、地球物理、岩石力学和非线性动力学等交叉学科，同时该问题具有明显的时空演化特征。

冲击地压的发生还可能诱发瓦斯异常涌出、瓦斯爆炸等重特大灾害。例如，2005 年“2. 14”阜新孙家湾煤矿瓦斯突出就是因冲击地压诱发引起大量瓦斯涌出，进而发生特大瓦斯爆炸，死亡 214 人；又如，2003 年，淮北芦岭煤矿“5. 13”冲击地压诱发瓦斯爆炸事故，造成 84 人死亡。新汶华丰矿在开采山西组 4 煤层过程中，频繁发生冲击地压，而冲击地压又导致顶板水的大量突出，研究表明，工作面突水量增大的次数与冲击地压发生的次数成正比。

3. 关于煤矿冲击地压的分类及监测预警

深部煤矿动力灾害机理和防治是国内外学术界长期面临的课题，无论是灾变机理还是防治技术，研究都不够充分，需要进行长期艰苦的探索和实践才能取得长足的进展。对于以煤炭为主要能源的中国，开展这一研究尤为重要。

个人认为，煤炭开采中的冲击地压机理可分为三大类：

(1)井巷或工作面周围岩体在开挖过程中，由于弹性变形能的瞬时释放而产生突然剧烈破坏的动力现象；这一种类型和地下厂房、水电硐室、地铁隧道等其他地下工程中的岩爆机理是一样的。

(2)已开挖的处于稳定状态的井巷或工作面周围岩体，由于采动应力或顶板大面积破断或矿震诱发而产生突然剧烈破坏的动力现象，经常是煤柱或巷道围岩大面积的冲击突出。

(3)井巷或工作面周围岩体，由于周围或附近的断层、构造或结构面的黏滑错动的诱发而产生突然剧烈破坏的动力现象。

在煤炭开采实践中，第二、三类的冲击地压所引发的破坏通常比第一类更剧烈，造成的危害更大，是我们重点监测预警的冲击地压。

例如，义马煤田主力矿井千秋煤矿(图2)、跃进煤矿和常村煤矿采深已接近和超过900m，冲击地压已经显现并成为矿井的重要灾害。

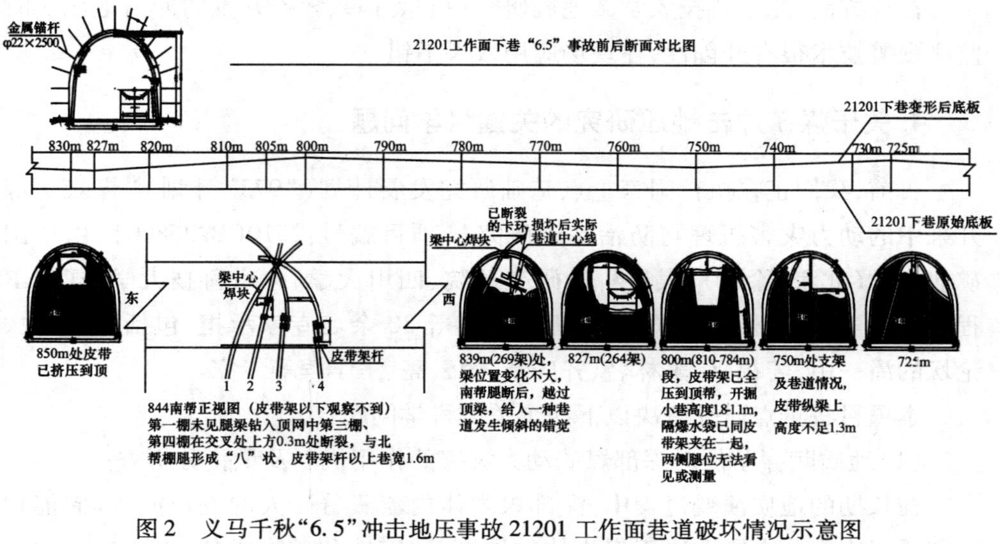

图2　义马千秋“6.5”冲击地压事故21201工作面巷道破坏情况示意图

根据统计，近两年来，集团公司生产矿井发生比较明显的冲击地压有18次(跃进煤矿14次、千秋煤矿2次、常村煤矿1次)，基本都发生在中部煤田深部。

最严重的是跃进煤矿"6.19"冲击地压事故,发生在2508工作面下巷－460m水平,造成近300m巷道顶底闭合或半闭合,4人受伤,工作面停产12天,直接经济损失1000多万元。这18次冲击地压发生在－200m开采水平(采深750m)的1次、发生在－300～－400m开采水平(采深800～950m)的17次。

关于煤矿冲击地压的监测预警,目前学术界非常活跃,有很多思路和设想,我个人认为要进行三个方面的综合研究:

(1)通过微震监测技术监测煤岩体在变形和破坏过程中,裂纹产生、扩展、摩擦时内部积聚的能量以应力波的形式释放,产生微震事件,借助专业化的数据处理软件,能够实现在三维空间中实时准确地确定岩体中微震事件发生的位置、量级,从而对煤岩体的变形破坏的活动范围、稳定性及其发展趋势,做出定性、定量评价,确定危险区域。

(2)监测采动应力变化,通过比较不同时刻每个测点的相对应力的变化量,并通过比较应力梯度等值线的变化,可以评价冲击危险性和冲击危险区域。

(3)要探测结构面(顶板、煤层、底板)的变化情况。

在这方面,北京科技大学微地震研究中心姜福兴教授开发的冲击地压实时监测预警技术很有开创性,在现场应用效果不错。

4. 关于煤矿冲击地压研究的关键科学问题

目前,我们正在执行国家重点基础研究发展计划("973"计划)"煤炭深部开采中的动力灾害机理与防治基础研究"(项目编号:2010CB226800),由中国矿业大学(北京、徐州)、煤炭科学研究总院、四川大学、北京科技大学、辽宁工程技术大学、山东科技大学、安徽理工大学等30余名专家承担,包括参加本次论坛的潘一山、姜福兴、窦林名、齐庆新、谭云亮、王学滨等专家。

本项目将重点研究解决以下四个关键科学问题:

(1)地质赋存条件对深部煤矿动力灾害的作用机制及量化分析方法。

在长期的地质演变过程中,深部煤岩体内蕴藏着巨大的变形能,其储能程度和原岩应力分布既取决于煤岩体的硬度、致密性和矿物成分,也取决于地质构造、断层、褶曲的程度。同时深部煤层开采时坚硬顶板(特别是厚层砂岩顶板)的运动失稳也是导致矿柱和采场巷道工作面发生瞬时冲击动力灾害的诱因。因此,深部煤岩动力灾害与煤岩组分、断层、褶曲、原始应力场和构造应力异常密切相关,如何科学定量描述地质赋存条件的作用机制及其与煤矿动力灾害的相关性是一个共性科学问题。通过研究这一科学问题,揭示煤岩体的冲击倾向性、地质构造和原岩应力条件对煤矿深井动力灾害成灾的作用机制。

(2)深部断续煤岩体的变形破坏规律和工程动力响应特征。

深部煤岩体通常为含有节理裂隙的层状结构。深部煤炭的集中开采强烈扰动使得采场和巷道周围的煤岩体不可避免地发生变形和破坏,从而形成断续结构。在多次开采扰动和长期的流变过程中,这种断续结构煤岩体会出现新的破裂和强度不断衰减的循环过程,从而导致大变形、强流变和超低摩擦效应,在一定条件下将会引起冲击地压、顶板大面积来压、矿震等煤矿动力灾害。在深部煤炭开采工程中,巷道围岩的破坏并不意味着巷道的失效,围岩的突发性动力破坏是由于断续煤岩体结构特征、外载荷作用、岩石卸压与能量释放的共同作用的结果。因此,通过探索深部断续煤岩体的变形破坏规律和工程动力响应特征这一科学问题,研究断续煤岩体结构特征及破裂后的变形破坏特征,研究允许围岩破坏但限制其变形发展的稳定条件,从而搞清楚巷道围岩破裂后(峰后)的力学响应、围岩失稳特性及其演化规律和动力失稳控制对策。

(3)采动应力分布、能量场的时空演化规律与多因素耦合致灾机理。

开采前煤岩体处于深部三维应力平衡状态下,开采活动打破了原有的应力平衡,导致采场三维空间中的宏观应力场与能量场的重新分布,这种应力场与能量场的动态演化与发展必然为动力灾害的孕育、发生和发展创造条件。因此采动应力分布和能量场的时空演化规律与多因素耦合致灾机理是本项目的重要科学问题。通过回答这一科学问题,揭示深部裂隙煤岩体在开采过程中的能量积聚与释放机制、能量场的时空演化规律以及动力灾变的能量触发条件,提出基于能量突变的深部煤岩体动力失稳的模型与判别准则和能量分析体系。

(4)深部煤矿动力灾害的多参量监测预警与防治的理论与方法。

在深部煤矿动力灾害孕育发展过程中,煤岩体中的应力状态将发生变化并同时伴随能量的释放,其中,微震、声发射、电磁辐射就是这种释放过程的物理效应之一。研究煤岩体在变形破坏过程中的应力、微震、声发射、电磁辐射等前兆信息规律,通过监测、分析井巷和采场附近煤岩体的应力变化及微震、声发射和电磁辐射活动等前兆信息的多参量动态变化趋势,就可以建立煤岩动力灾害监测预警系统进行预警预报和有效的防治。因此,研究深部煤矿动力灾害的前兆信息、多参数识别理论与预警模型,是进行灾害准确预测和有效防治的前提,是急需解决的科学问题。同时从冲击地压等动力灾害发生的条件入手,研究如何实现对煤岩体弹性能积聚与释放进行有效控制的开采方法与防治技术(如深孔断顶爆破、定向水力致裂等),从而实现对深部煤矿动力灾害的有效预防。

这一系列问题的研究,会极大丰富地质、采矿、地球物理、岩石力学和非线性动力学等学科的内涵,促进这些学科能更好地为深部煤炭的安全、高效开发服务。本项目以深部煤矿开采地质条件控制下的多因素动力响应作为突破口,可望在建立动力灾害控制理论与技术体系方面有所突破,为深部煤矿安全开采提供关键理论与技术保障,进而为深部煤炭资源开发和我国经济发达地区煤炭工业的可持续发展作出贡献。

谭云亮:

第一,煤矿冲击地压跟其他岩石工程岩爆影响因素太多、太复杂,这里有很好的观点,其中有一点应该要强调卸载要集中。因为在煤矿里,特别是采动应力影响下,煤体破坏以后应力程度能量集聚要往深度转移,积蓄能量大,在一定程度上一旦诱发就出现比其他更大尺度的爆发。不仅要强调卸载,而且要强调集中。第二,采动应力的双重影响是其他工程很难接触到的,到了21m以后,应力程度甚至到了十几倍,所以绝对不能小看采动应力的影响,它所带来能量的集聚,按照能量算非常大。第三,岩层动力、采动动力的影响,特别是对突发性断裂岩层动载监测,带来很大的挑战。如何把突发性断裂转化成煤体上积蓄能量,又转化成二次动量,这一点需要进一步探讨。

钱七虎:

你们讲的冲击地压是岩爆里最复杂的一种,不同意姜校长讲的,岩爆是冲击地压里的特例。岩爆是广义的。

汤 雷：

岩爆和冲击地压最本质的相同，都是岩石的突然破坏，不管冲击地压还是岩爆，这两个之间还有一个本质不同，就是岩爆有几个要点，其中一个是开挖卸压；但是对冲击地压来讲，一条巷道放在那里一两年可以不发生冲击地压，但是如果两三年以后其他地方开采了，大面积采空，顶板突然断裂，这个巷道依然会发生冲击地压。

钱七虎：

准确地讲卸载有时开挖，有时顶板破坏也是卸载，所以本质理解卸载是由开挖引起的，也有顶板突然断裂引起的。

姜耀东：

煤矿开采过程中会引起大范围岩层移动，造成在巷道周围岩体的加护过程。应力不可以研究整个空间，研究冲击地压时这是一个加护过程。开采过程中，顶板垮了之后，对两边是加护作用。

矿山动力灾害控制新进展与面临的挑战

◎姜福兴

随着中国矿山开采深度的快速增加，矿山动力灾害（矿震、冲击地压、煤与瓦斯突出、岩爆、突水等）越来越严重，近年来煤矿矿震和冲击地压造成的人员伤亡数量剧增，有些矿井一次冲击摧毁巷道长度达到500m以上，因此，矿山动力灾害监测与治理已成为采矿界和力学界的难题。近年来，北京科技大学矿山动力灾害研究团队在监测预警与治理理论、技术和装备方面，取得了新的进展，经过数十个矿山的成功应用，取得了良好的效果。与此同时，遇到了很多没有解决的新问题，特别是理论问题和工程应用问题，希望得到同行的指教。主要理论和技术进展如下。

1. 矿山动力灾害控制新进展

（1）提出了预测冲击危险区和危险程度的"动力灾害多因素耦合评价技术"。

在预测冲击危险性方面，一般采用综合指数评价法，在宏观上给出冲击危险性，但综合指数评价法难以提供工程中需要的具体冲击地点和危险程度。基于此，姜福兴教授通过研究"上覆岩层空间结构运动与支承压力"的作用关系，在工作面开采之前，预演和预测开采过程中上覆岩层空间结构形成的动态过程，结合构造分布、岩层组合、开采边界条件等，提出了"动力灾害多因素耦合评价技术"，评价的结果能够得到冲击危险的区域和危险程度，为动力灾害治理提供具体的范围。应用这一技术，兖州煤业公司鲍店、南屯、济宁三号、新汶华丰等20多个煤矿的40多个工作面成功地预测了危险区，提前采取卸压措施，保障了安全。如华丰煤矿1410工作面冲击地压预测与实际发生冲击的对比表所示，按照预测结果进行预卸压的危险区域，实现了只有震动但没有破坏性灾害的治理目标。

基于覆岩空间结构理论的1410工作面冲击地压预测与实际发生对比表

岩层运动阶段	冲击地点距开切眼距离/m		破坏程度描述	发生前预卸压
	预计冲击位置	实际冲击位置		
老顶来压	60	58	动压明显,无破坏	没卸压
单工作面采空区见方	128	130.7	震级2级,破坏巷道170m,伤人	没卸压
双工作面采空区见方	268	280	震级1.8级,动压明显,无破坏	预卸压
三工作面采空区见方	432	402.7	2次震级1.9级,工作面震感强烈,无破坏	预卸压
两个放顶煤工作面采空区第二次见方	536	560	最大震级2.2级,工作面震感强烈,无破坏	预卸压

(2)提出了“应力三向化”防冲的理论观点与成套技术。

基于岩石三向应力状态的强度远远大于单向强度的基本思想,提出了通过“应力转移”的技术途径,实现“岩石三向强度抵抗冲击应力”和“高支护强度防护突出岩体”的两个层次的防冲观点。

实现“岩石三向强度抵抗冲击应力”即“应力三向化”的具体技术有:

煤层大直径深孔卸压技术、坚硬顶板预裂技术、底板断底技术、多种爆破释放能量技术等,实际应用时,需要根据具体矿井条件,设计相应的工艺和参数。

实现“高支护强度防护突出岩体”的具体技术有:

专用防冲支架、密集连锁支柱、柔性“锚—网—索—棚”支护等,具体采取哪种方式,需要根据具体矿井条件确定。

山东临沂矿业集团古城煤矿开采深度达到1000m,顶板中存在整层厚度130m以上的坚硬砂岩,2009年2月28日发生重大冲击地压事故,摧毁巷道260m,多人伤亡,矿井停产。北京科技大学研究团队进行了冲击地压灾害的系统治理。图1是发生事故后16m^2巷道瞬间缩小到0.5m^2的照片。

图 1　古城煤矿发生事故后的照片

通过应用“应力三向化”的防冲理论，设计了“强卸压、强支护、强监测”的“三强”协同治理技术体系，实现了冲击地压的有效治理。具体技术内容有：

1）根据“动力灾害多因素耦合评价”结果，在不同围岩地段，分别采用或联合采用煤层大直径深孔卸压技术、坚硬顶板预裂技术、底板断底技术、多种爆破释放能量技术等，实现冲击应力的有效“转移”，即通过“强卸压”实现了“应力三向化”。

2）根据“高支护强度防护突出岩体”的思想，设计了具有“强支护”功能的密集连锁支护体系，有效地抵抗了矿震和冲击时岩体的突出。图 2 是该矿发生 1.8 级矿震时密集连锁支护体系有效保护巷道的照片。

图 2　发生 1.8 级矿震时密集连锁支护体系有效保护巷道的照片

3）提出并应用了实时监测冲击危险性的“强监测”思想，安装了北京科技大学研制的冲击地压实时监测预警系统，实时监测工作面周围的冲击危险区域和危险程度，为治理冲击地压提供具体的位置和要求达到的卸压程度。图3是地面监控中心的监测界面。

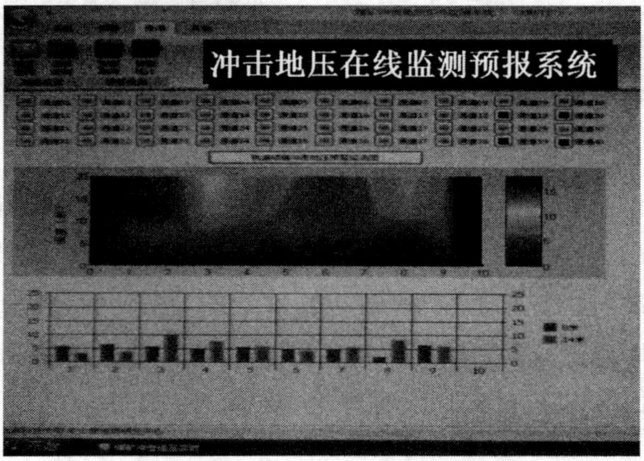

图3　北京科技大学研制的冲击地压实时监测预警系统

至2011年，“应力三向化”防冲理论以及相应的防冲技术体系，已经在20多个矿山得到成功应用。

（3）提出了“震动场—应力动态场”实时同步监测预警思想并研制了相应的监测预警系统。

动力灾害监测预警的关键是“时间、空间和强度”，因此，监测预警技术和装备需要具有相应的功能。姜福兴教授团队基于这一认识，确定了以“实时在线”实现任何“时间”的监测、以高精度“微地震”实现“空间”的监测和以“应力动态”实现“强度”的监测。并开发和成功推广了“高精度微地震监测和冲击地压（应力动态）实时在线监测预警系统”联合监测装备和技术，构建了动力灾害实时监测预警系统，在山东、黑龙江、河南、河北、山西、甘肃等省份的数十个煤矿得到成功应用，实现了“危险区域——危险程度”的一体化监测预警。图4是系统示意图和地面监控室照片。

北京科技大学研究团队在矿山动力灾害治理领域已经初步形成动力灾害危

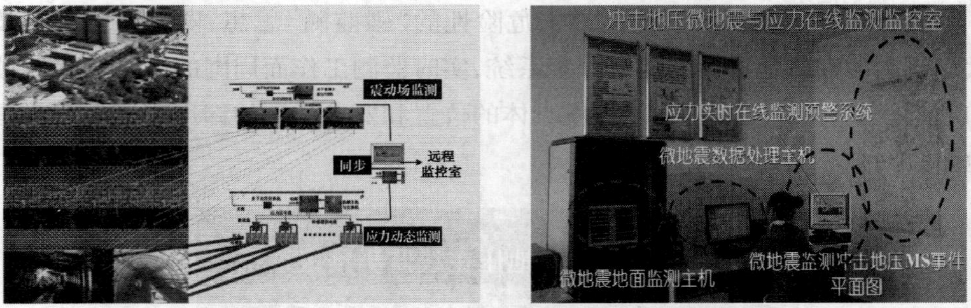

图 4 “震动场—应力动态场”同步实时监测系统

险性评价、监测预警和治理的实用技术体系，该技术体系的应用，初步解决了矿震诱发型冲击地压、复合厚煤层底突型冲击地压、“三硬”围岩与构造耦合型冲击地压、千米深井“三硬”型冲击地压、深井薄脆底突型冲击地压、深井孤岛型冲击地压和复合型冲击地压等灾害的治理问题。但是，矿山动力灾害机理复杂，地质和开采条件多变，动力灾害的治理仍面临理论、技术、装备和人才等方面的严峻挑战。

2. 矿山动力灾害控制面临的挑战

（1）研究重点需要从“哲学和力学”向“工程力学和采矿力学”方向转变。

近几十年来动力灾害发生机理的研究进展不大，大部分成果依旧停留在“哲学”和“力学”的层面，使工程技术人员难以掌握和应用。大量事实证明，动力灾害的发生与具体工程、甚至工艺过程密切相关，实用的动力灾害机理模型需要包含“工程”甚至“工艺”的要素，就矿山动力灾害来讲，研究的重点需要从“哲学和力学”的方向向“工程力学和采矿力学”的方向转变。

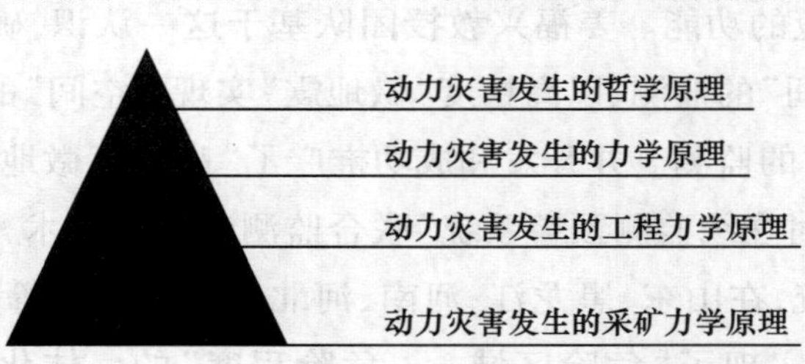

图 5 矿山动力灾害发生机理层次示意图

(2)矿山动力灾害性质的界定与分类问题。

目前,工程界和学术界对涉及动力灾害的相关名词的界定比较混乱,导致危险性评价、预测预警、治理、工程管理的方向发生错误。

其具体表现在:矿震、冲击地压、冲击矿压、岩爆等名词的混用,矿山动力灾害性质的界定错误,导致用治理冲击地压的方法去治理矿震,大量投入后没有取得效果;用治理矿震的方法去治理冲击地压,结果是仍然发生冲击灾害。

因此,学术界和工程界需要从灾害控制的角度出发,对动力灾害领域的相关名词进行统一的界定,使学术讨论和工程应用有一个统一的标准和方向。

(3)动力灾害预报的标准问题。

动力灾害的预报不同于天气预报,动力灾害预报的目的是为了不发生动力灾害,因此,不能用普通的预报成功率评价动力灾害的预报方法。

成功动力灾害预报的标准,建议采用两项指标:一是不发生率,二是前兆发生率与危险程度指标。

北京科技大学基于这个思路,研制了相应的监测预警系统与预警方法,并在全国大面积推广,取得良好效果。

(4)动力灾害危险性的评价问题。

动力灾害危险性评价包含工程实施前的静态评价和工程实施过程中的动态评价两个部分,且前者以动力灾害发生机理和经验为基础,后者以实时监测结果、工艺过程和经验为基础。需要形成一个便于操作的动力灾害危险性评价体系。

(5)典型动力灾害对技术标准的挑战。

近年来动力灾害发生频率急剧增加,表现出来的机理十分复杂,有些灾害超出了国际上学术界和工程界的常识和技术标准,因此,需要对技术标准进行补充和修改。

例如,在发生动力灾害的条件方面,2011 年神华新疆公司的冲击地压事故,埋藏深度仅 150m,挑战了煤矿冲击地压的临界深度;兖州煤业的复合厚煤层冲击地压,挑战了软煤($Rc<7$MPa)不发生冲击的国家标准。

在治理的标准方面,达到什么样的治理程度就安全了,目前没有统一标准。

在监测预警方面,缺乏统一的预警指标体系。

3. 建议

建议在中国科协、岩石力学与工程学会等机构的领导下，向科技部、国家自然科学基金委、国家安全生产监督管理总局建议，设立长期、滚动式科研资助，类似国外的“Deep Mine”计划或“中国深井计划”，从政府层面上组织长期攻关。

钱七虎：

扩容引起的岩爆没听懂。

姜福兴：

在薄煤层和厚煤层里还有很多差别，厚煤层里，煤层尽管没有什么冲击情况下，照样发生冲击地压。

潘一山：

应力大，都会发生冲击地压。

钱七虎：

厚煤层和多煤层怎么扩容？

姜福兴：

半径很小，产生破裂。但是厚煤层，比如30多米煤层影响范围就不一样，但是封闭在里面，这个体积相当于一个炸弹一样封在里面，这是一个基地。我们已经做了很多矿，都是这个问题。

何满潮：

薄煤层很薄，结构性体现不出来，是一种材料的强度，如果煤层很厚的话，整个破坏向结构面强度转化，一般结构面强度比材料强度低得多。

张镜剑：

两个意见都是对的，不是在同样面上，很多资料都说明，随着开挖进程，一般在2～3倍开挖直径的地方最少发生岩爆，但是过一两个月，在后面某个地方还发生岩爆，后面发生岩爆相当于姜耀东教授讲的，前面开挖完了，慢慢松弛，到后面发生问题。钱院士讲的是开挖面附近，开挖完了就发生岩爆，那个地方肯定是符合岩爆的要求，比较完整、比较坚硬、比较完善。我认为两个观点各有各的道理，两个观点都是对的，但不是同一个断面，所以这个问题就解决了。

谭云亮：

扩容薄煤层、厚煤层问题，以薄煤层来讲，如果以动能形式产生起来，肯定体积少，以厚密度来讲，作为载体产生动能时，体积更大。

何满潮：

薄煤层表现出来的范围小，厚煤层表现出来的范围大，能量大，并不一定能表现出来，势能全部能够转化成动能，厚煤层时转化充分，薄煤层时转化不充分。

岩爆机理研究的关键问题

◎唐春安

今天主题列了五个,也涉及监测技术,但是主要是岩爆机理,我想就机理问题展开讨论。

1. 关于岩爆定义

刚才大家讨论岩爆的定义,讲的很多东西主要都是从现象角度出发的。从本质上讲,岩爆、冲击地压、地震都是一种岩石或岩体结构破裂失稳现象。当时为什么国际上定义岩爆,是沿用了"地震"这个词的造词方法。如果从这个思路定义,在地震与岩爆之间加一个"矿震"还是比较合适的,即地震、矿震和岩爆。冲击地压的定义是从力学角度出发的。如果都从这个角度定义,显然岩爆是冲击围压,地震是冲击地壳压,都与冲击力有关。从目前的应用领域看,冲击地压多用在煤炭开采中,因此,有它的应用背景。其实,怎么定义岩爆、冲击地压这些词并不是最重要的。主要看大家是怎么定义它的内涵,大家取得共识,约定好。如果没有共同约定的基础,一定要讲冲击地压和岩爆有什么区别,这不好讲。假设我们都同意用岩爆的定义就没有区别了,我们一定要从字面上找到区别就有区别了。这不是本质的问题。

2. 有关岩爆研究的方法

目前有关岩爆研究的方法,到底是运用动力学方法还是静力学方法?从现象看本质,岩爆发生的过程肯定是动力学过程,需要用动力学理论来描述。但岩爆的孕育过程,就不一定需要运用动力学理论来描述。当然,爆炸可能诱发岩爆,涉及爆炸波的传导和诱发岩爆,是动力学问题,这必须通过动力学方法来进行研究。但此时,结构的初始受力仍然是静载,只有处于岩爆临界状态的围岩结构，才有可能受到爆炸应力波的触发而发生岩爆。准确地说，这种情况属“动—静加载”情况。目前有一些学者提出用动—静加载方式来研究这种岩爆，是一种很好的研究方向。但这种岩爆发生的条件必须满足接近临界状态的条件。这就是说，爆炸诱发的岩爆为岩体，首先是一个准静态结构，其次接近临界状态（远离平衡态），然后受到应力波扰动，这是本质。完全不接近临界状态，爆炸应力波触发岩爆是很难的。

但是，对于应变型岩爆而言，研究其实应该分成两个方面：①岩爆的孕育过程；②岩爆的发生过程。第一个方面的问题，研究的重点在岩石微破裂的演化过程，旨在监测预警。第二个方面的问题主要涉及岩爆发生瞬间的行为，包括震级等，旨在岩爆的防治。

岩爆的孕育过程，其实是一个岩石变形、微破裂演化直至宏观失稳的过程，在失稳发生之前，整个过程其实是一个准静态的过程。因此，完全可以应用准静态的研究方法，研究在外加荷载（或开挖卸载）作用下的岩石微破裂演化过程，寻找岩爆发生的前兆规律，为岩爆的监测预警提供理论基础。此时，研究的重点是孕育过程。但对于岩爆的发生瞬间过程研究而言，岩爆瞬间是动态的，必须应用动力学方法，研究失稳过程所释放的能量和震级，为防止岩爆发生的支护参数设计提供依据。

3. 关于卸载的概念

目前对“卸载岩石力学”有一些误解，好像在某些条件下，对一个受载物体进行卸载，也可以引起破坏。这是一种误解。真正意义上的卸载，是不可能引起破坏的。这不符合力学原理。其实人们常说的卸载诱发破坏，从岩石的内部受力来讲，其实不是卸载。开挖扰动卸载，只是卸去了围岩边界某个方向的载荷。如果从强度准则入手，用强度包络线（如摩尔圆和摩尔包线）来描述，围岩边界一个方向的卸载不仅没有减小莫尔圆，反而使得莫尔圆变大，结构变得更危险。如果再考虑到开挖（如圆形隧道）还会引起洞壁的应力集中（圆的弹性解应力集中系数是 2.5 ~ 3）。所以，我们对卸载这个概念不要从现象去理解，要从破坏的强度准则角度去理解，卸载引起破坏一定不是结构真正意义上的结构受载减小，而是受力状态（三维到二维或一维）的变化。

4. 发生岩爆结构刚度问题

岩体结构的演化分两种情况。第一种情况是结构的承载能力在降低(损伤)。第二种情况是结构的刚度在降低。这两种情况是矛盾的两个方面。承载能力降低是负面的,即结构可能更容易破坏。但是结构刚性的降低可能造成整个加载系统的载荷降低。在位移加载边界条件下,结构刚度的降低的结果就是结构内部的应力降低。如果承载能力降低的幅度高于刚度降低的幅度,结构就进入失稳状态,即岩爆发生。反之,如果承载能力降低的幅度低于刚度降低的幅度,则结构就是稳定的。

钱七虎:

你说的结构是指什么?

唐春安:

整体结构,隧道周围是一个结构,煤矿中的岩层结构都是一个结构。煤矿如果以自重为主,开挖扰动必然引起围岩中的应力上升。隧道局部开挖,应力调整,围岩应力也是增加的,即应力集中。开挖卸载是个现象,真正力学上是不是卸载,要看三维状态,强度包络曲线。摩尔圆离临界包络曲线近就很危险,离包络曲线远就是安全的。

潘一山:

岩爆确实是在非常广阔的领域,煤矿、水电工程、交通工程,而且岩爆发生现象特别复杂,我们站在不同角度,对于不同的工程,大家观点不一样。今天分简单派和统派。

简单派,就是钱老师所说的简化分析。如果不让《大众科技报》记者都能听得很清楚,就是说我们对这个东西还没搞清楚,所以我们应该用最简单的语言让记者可以向大众说清楚岩爆是怎么回事。岩爆发生一是内部因素,二是外部因素,当达到一定条件时就发生岩爆了。内部因素就是无论煤炭、岩石都具有突然变形等性质。外因就是它的应力达到什么状态。厚煤层、瓦斯、扰动、卸载、发生断裂、初始量附近，实际都可以归结成应力的增加。当内因外因达到临界值，是这个系统达到了能量最大的数。岩爆最基本的原理没有出现最新的东西，还是逃脱不了大自然三大定律，能量守恒、质量守恒、定量守恒。

统派，无论冲击地压、矿震，还是岩爆，突出，地震，从力学现象来说是同样一种现象，只不过在不同的条件下表现形式不一样。岩爆最早是从水电工程出现的，是岩石的爆裂，从这种现象来看就是岩爆。但岩石强度高，破坏范围往往没有像煤矿会达到300m，甚至整个工程面摧垮，所以产生这种描述。冲击地压在煤矿当中，煤炭强度比较低，一旦冲击发生以后，破坏范围很大，叫做冲击地压，但本质还是一样的，能不能统一？有它的统一性，当然在不同情况下会出现多样性，但是本质上是统一的、简单的、基本的。

钱七虎：

我的简化分析基于三条：①岩爆的动因是强压缩围岩的局部突然卸载。结构是围岩，载荷卸掉，结构从围岩上局部突然挖掉了、卸载了，卸载的结果，有的地方应力减少，有的地方应力增加；②围岩强压缩变形能快速转化为动能，这是机理之二；③岩爆的动能是总的变形能减掉破坏能，或者总动能减掉破坏能。你们感到哪个地方不太合适可以提。

岩体非均匀现象，微裂纹、结构面、软弱面。我的观点是顶板垮落也是局部的卸载的一种形式。

王明洋：

不管怎么样，都是能量守恒，能量守恒一个是体积，一个是面积。大的体积分解成小的体积加上面积，边界面破坏，所以有一位院士讲，破坏与其说是破坏，还不如说是暴露出边界面，破坏也是卸载。岩石开挖，只要是暴露出了边界面的就是一种卸载，因为能量是沿着边界在传递的。矿顶开裂也暴露出边界面，开始卸载，卸载以后肯定要应力转移，是以动能的形式，只是强弱问题。严格地来说，卸载一定是动力问题，这个动力问题的强或弱与地应力大小和卸载速度快慢有关。它的响应力与什么有关系？比如卸载面破坏的很大，暴露边界更大，边界面越大，在体积上集聚都会转移的，暴露出多少面，能量就在哪里分配。现在不管岩爆也好，冲击地压也好，我的观点还是它们可以统一的，不管怎么样，就是一个储存能量的快速释放。

原始储存能量通过破坏转移，通过局部压缩、加载，第二次分配能量，但是最后表现出来的一定是边界面。一种情况就是快速地暴露出边界面，一种是通过渐进破坏，一个是惯性运动，一个是连性运动，一个是准静态的变形，就是卸载速度慢，这样暴露出的边界面也是要破坏，这个破坏需要时间，暴露出边界面在转移。在转移到一定程度以后，最后能量快速释放，变成一种动力。能够把体积上发生的事情、面积上发生的事情、外力作用的事情在方程里体现出来。

冲击矿压案例及近期研究新进展

◎窦林名

我今天主要介绍的是近些年发生冲击矿压的一些新案例与研究新进展。2005 年 1 月 3 日，兖州东滩煤矿发生一次冲击，巷道破坏非常严重，影响范围达 100m 左右（图 1），其中 20 多米巷道整个破坏和垮落，几乎全部封闭。

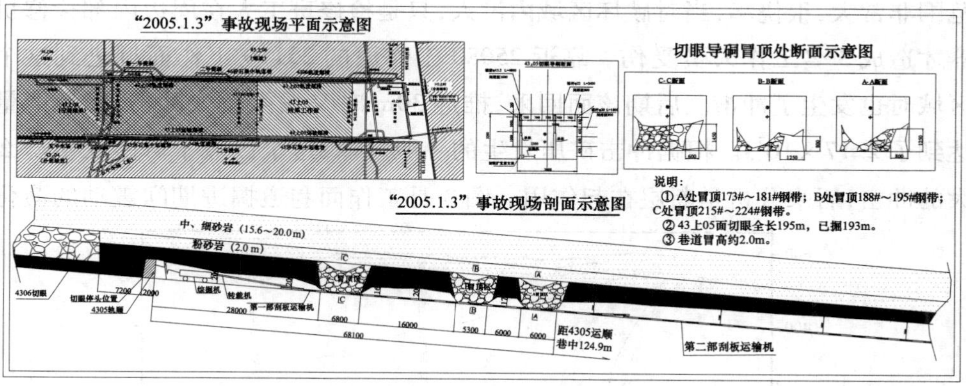

图 1　2005 年 1 月 3 日东滩煤矿的冲击矿压

图 2 显示的是发生在兖州南屯煤矿 93 上 04 综放工作面中间巷自工作面煤壁前方 35～85m 的冲击矿压，影响范围大约 50m，最大变形量为底臌 1.5m，两帮移近 1.4m，造成整个设备从下方抛到上方，轨道也竖起来了。

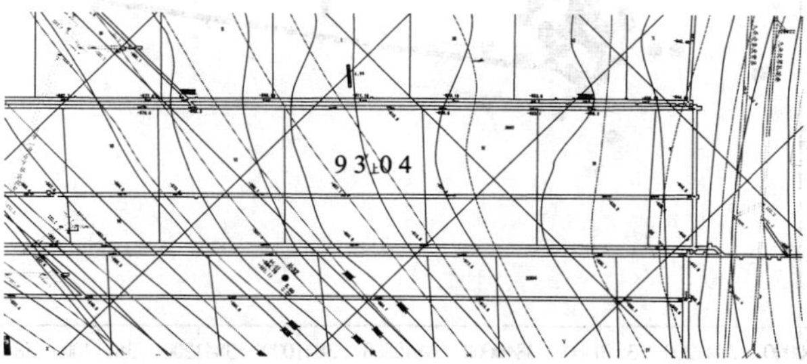

图 2　9304 工作面位置图

2004 年 6 月 27 日，北京木城涧矿发生冲击矿压，大约 530m 巷道破坏。巷道整个煤壁上的煤体从煤层中抛出，而顶板没有任何破断。新疆宽沟煤矿 W1143 综采工作面长 160m，当工作面推进到 160m 左右时，工作面上端和顺槽超前段发生冲击显现，影响范围各达 30 ~ 50m。恢复生产后，2011 年 3 月 13 日和 4 月 13 日又分别发生一次。工作面液压支架的立柱被切断，采煤机被冲击震动破坏成三段，滚筒截齿将支架顶梁冲出大洞，整个工作面上端头的煤壁冲了出来。2007 年 6 月 19 日，义马跃进煤矿 25080 工作面发生冲击，破坏巷道约 400m，中间 300m 巷道瞬间填满，仅留有约 200mm 缝隙。此次冲击造成的破坏范围非常大，很侥幸，当时破坏区域内没人，只是检修班工人在周边内部检修机器才造成 3 名工作人员受伤。靠近 25080 工作面的 25110 工作面掘进到这个区域时也发生了冲击。后期该面回采，推进 30m 时又发生较大冲击，震源能量达到了 2.17×10^{7}J。根据冲击矿压发生的一般规律，这个区域不可能发生这么大的冲击，后来分析是断层在起作用。图 3 是工作面巷道掘进期间震动的演化

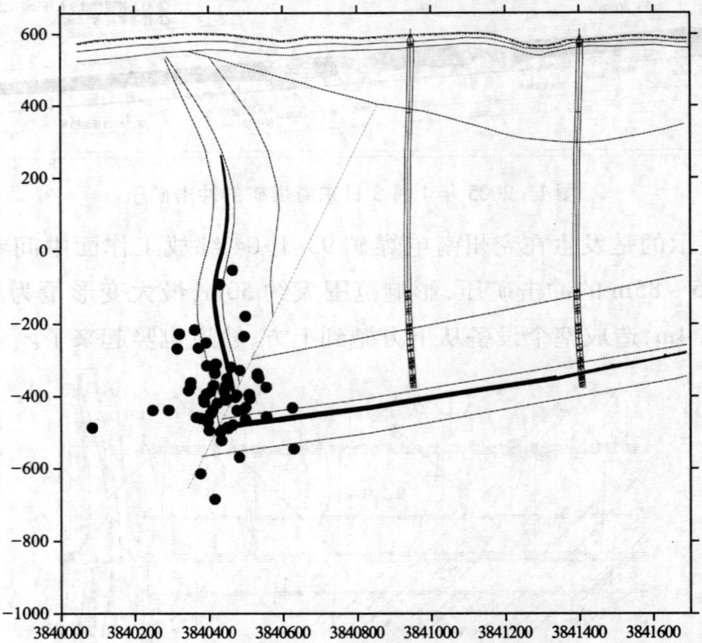

图 3　跃进矿 25110 面大矿震剖面投影图

过程。当时做了一个剖面图，煤层到如图所示的地方竖起来，发生的震动点基本上都在这个断层上。冲击发生前，巷道是环形的，破坏以后，巷道断面缩小，由六节环形支架变成了四节环形的。现在该工作面往前推进又碰到一个小断层，它会不会造成冲击？目前，工作面距断层100m左右，对这个断层又如何处理？这些都是我们头疼的事情，虽然采取了一些措施，但仍存在问题。

以上是近期发生冲击的一些案例，这种冲击现象已非常普遍，有很多照片可以说明。我们根据冲击矿压发生过程，认为它是动载和静载组合作用的结果。静载相当于巷道周边的压力，这个压力只要开巷道，在巷道旁边就会伴随出现。煤岩层破裂产生扰动，引起瞬间加载，和已存在的静载荷叠加后超过煤岩体强度极限，从而由原来三向或者双向受力变成单向受力，引发煤体的瞬间抛出。

基于以上我们提出强度弱化减冲原理。所谓的冲击矿压的强度弱化减冲理论，具有三个方面的含义：一是在冲击危险区域，采取松散煤岩体的方式，降低煤岩体的强度和冲击倾向性，使得冲击危险性降低；二是对煤岩体的强度进行弱化后，使得应力高峰区向岩体深部转移，并降低应力集中程度；三是采取一定的减冲解危措施后，使得发生冲击矿压时，降低冲击的强度，如图4所示。

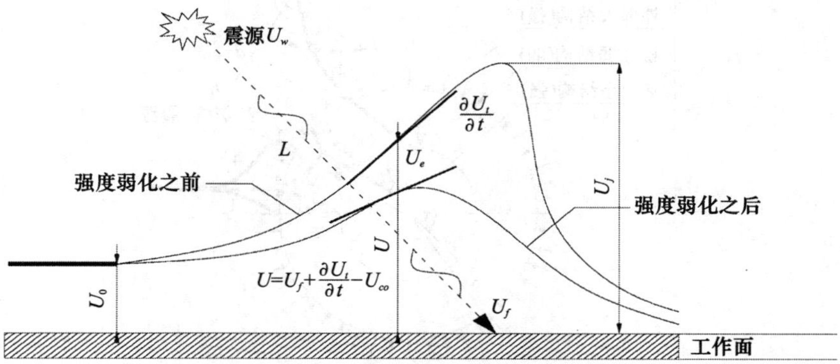

图4　工作面前方弹性能的变化示意图

工作面周围煤岩体中的能量存在积聚、转移、释放的过程。而冲击矿压的防治则可以采用边回采（掘进）、边监测、边治理的动态防治技术，即“工作面生产→冲击危险监测→能量聚积→卸压爆破→能量释放→生产→再监测……”

当煤岩体中所积聚的弹性应变能接近极限值时，有可能造成能量的突然释放，发生冲击矿压。积聚和释放能量的大小可通过电磁辐射来监测，当接近最小冲击能时，利用卸压爆破释放煤体中所积聚的大量弹性能，可达到降低冲击危险的目的。

统计表明，大约73%的冲击矿压都是发生在巷道里，因此提出冲击危险巷道围岩的“强—弱—强”结构效应，如图5所示。根据“强—弱—强”结构力学模型，将巷道围岩可以从远至近依次分为冲击传递区大结构、消波吸能区中间结构和支护保护区小结构，这三个结构也可以根据它们自身的强度、对冲击震动波的传递性能、应力转移能力、变形位移特征以及支护要求等特点，分别称其为强、弱、强结构。“强—弱—强”结构中每一个结构在冲击震动巷道围岩稳定性控制中发挥着不同的作用，表现出不同的特征和效应。在巷道围岩自身的强度方面，具有强、弱、强的结构效应；在变形方面，巷道围岩“强—弱—强”结构的变形特征为小、大、小，而抗变形能力则表现为强、弱、强的特征。在应力集中方面，具有向外部转移高应力的特征，对冲击应力波起到一个衰减吸收效应；在受力方面，“强—弱—强”结构具有承载性能最佳的环形效应特征；在震动能量传播方面，“强—弱—强”结构对能量的耗散具有弱、强、弱的特征。

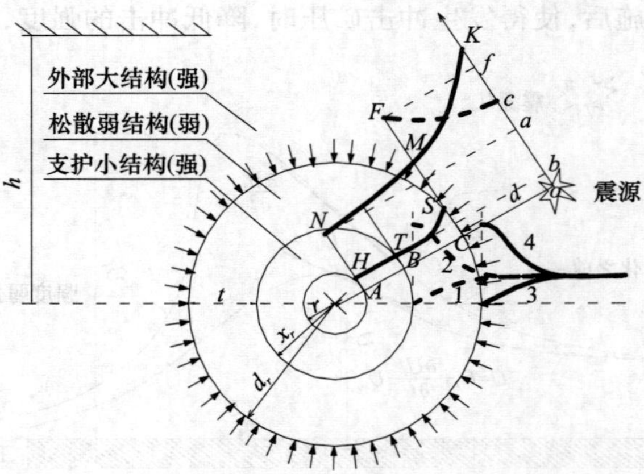

图5　冲击震动巷道围岩的“强—弱—强”结构控制机理力学模型

通常情况下，冲击震源产生的冲击应力波沿震源附近岩层向巷道自由空间传播，从而对巷道附近围岩这个需要维护的小结构造成了很大的冲击震动作用，有可能超过巷道围岩保护小结构的极限承载强度而使围岩开裂造成小结构的失稳破坏。若在外围的冲击传递区大结构和支护保护区小结构之间设置一个对冲击震动波有显著消波吸能作用的弱结构，则从大结构传递来的冲击震动波经过弱结构的强散射和吸收作用，使其传递到支护保护小结构的应力波强度大大减弱，这样就有可能低于巷道支护体小结构的极限承载强度，从而维护小结构的稳定性。在此基础上，获得了巷道支护体小结构发生冲击震动破坏的应力判据和能量准则。基于“强—弱—强”结构控制模型，提出要通过减小外界震源载荷、合理设置弱结构、提高支护强度等措施来防范巷道冲击矿压。

最近我们在兖州济三煤矿做了弹性波 CT 透视的研究。图 6 是砂岩和煤的实验测量结果，该实验是在四川大学水利学院国家重点实验室完成的。图中横坐标是应力，纵坐标是波速，应力和波速之间是正相关，应力和波速之间可用下面的关系式描述：

$$V_p = a\sigma^{\lambda}$$

式中，a 和 λ 为拟合和选择的参数值。

砂岩：　　$V_p = 2368.3\sigma^{0.1264}$

煤：　　$V_p = 662\sigma^{0.5823}$

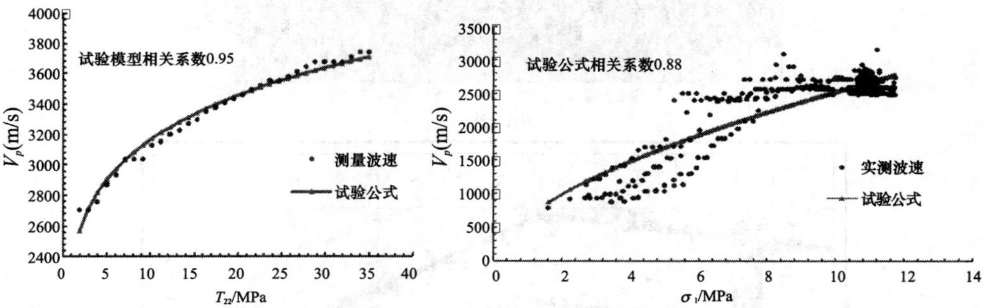

(a) 砂岩　　(b) 煤

图 6　单轴压缩条件下砂岩和煤的应力与纵波波速之间的关系

根据这个原理，可以做工作面煤体弹性波透视 CT 透视研究。弹性震动波 CT 透视技术是在回采工作面的一条巷道内设置一系列震源，在另一条巷道内设置一系列检波器。当震源震动后，巷道内的一系列检波器接收到震源发出的震动波。根据不同震源产生震动波信号的初始到达检波器时间数据，重构和反演煤层速度场的分布规律。

图 7 为星村煤矿 E3207 工作面的弹性波 CT 反演结果。

(a) P波

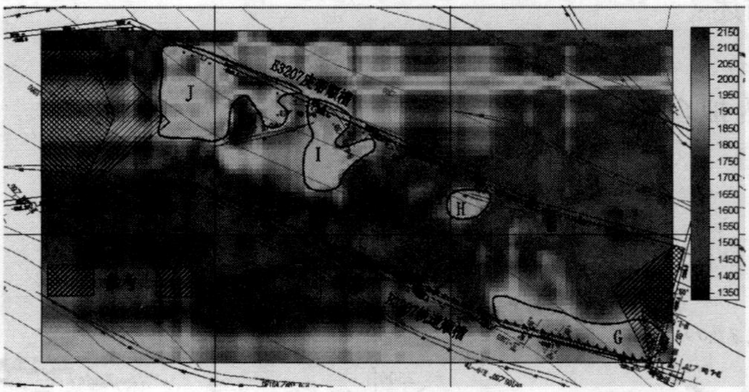

(b) P波

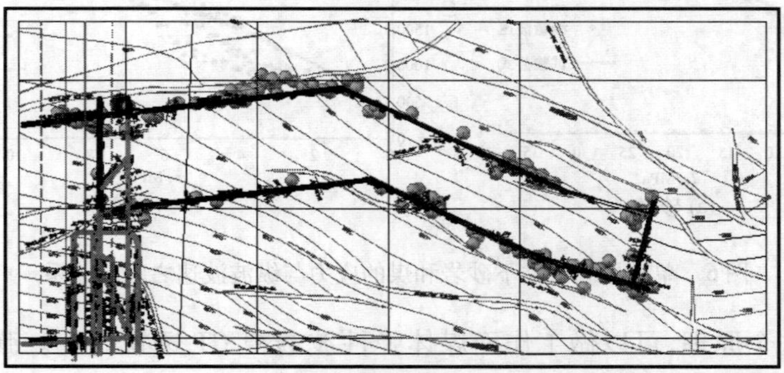

(c) 矿震震源分布

图 7　星村煤矿弹性波 CT 透视结果与矿震分布

该工作面的开采深度达到1400m左右。由于工作面应力比较高,前期对该面进行冲击危险评价。图中几个区域是波速较高的区域。在巷道掘进期间,震动点主要集中在这些区域。最近工作面刚推进不到200m,正好碰到高波速区,工作面推进过程中,大的矿震主要聚集在这个区,相关性非常高。

图8描述的是兖州济三煤矿孤岛面的煤矿弹性波CT透视反演情况。从上述分析及几个区域对比下来,高应力区与矿震集中区域吻合度达到80%以上。可见,通过弹性波CT透视反演,有望把工作面煤体中的波速分布确定出来,基于波速和应力的相关性,进而大致勾画出应力集中区域,为冲击矿压的防治提供依据。

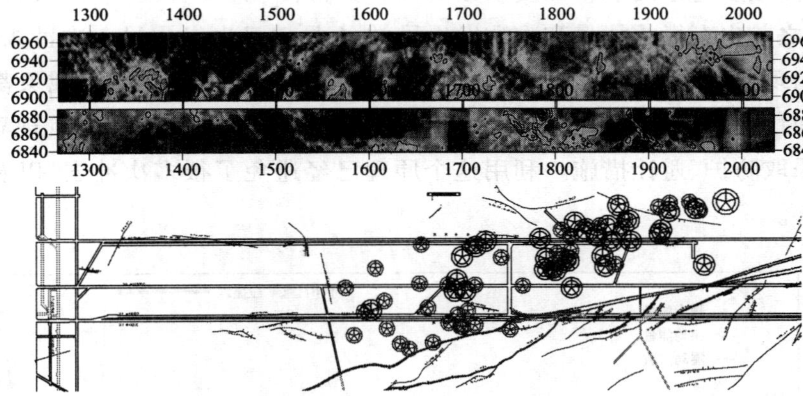

图8　济三煤矿弹性波CT透视结果与矿震分布

接下来谈谈矿震与冲击的关系。图9为波兰西里西亚煤田和中国华丰煤矿出现矿震的频率、冲击矿压的频次与能量级E之间的统计结果关系。

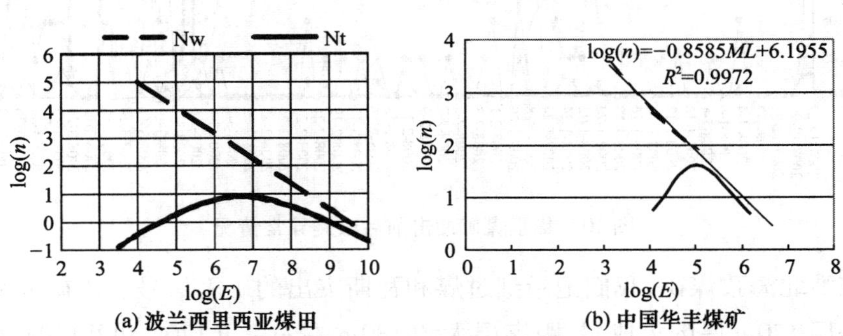

图9　矿震的频率n与能量级E之间的关系

冲击矿压灾害的发生与煤岩体内产生的矿震震动能量有关。矿震震动能量越大,发生冲击矿压的可能性就越大。由图9可知,发生冲击矿压的最低矿震能量为 1×10^4J,当矿震能量级别为 1×10^7J 时,引发的冲击矿压事故最多;当矿震震动能量达到 4×10^{10}J 时,其引发冲击矿压事故的概率几乎为100%。

因此可以得出,如果煤矿安装了微震监测系统后,若监测到矿井某个区域内发生的矿震能量小于 1×10^4J,说明该区域是安全的;而一旦超过这个能量,该区域就存在冲击危险高,且矿震能量越高,冲击危险性就越大。

华亭煤矿,采深600m,区段煤柱宽20m。2008年1月29日发生一次冲击显现,之前微震记录的能量和震动频次都有异常;3月16日发生过一次冲击显现,在此之前也有微震能量和次数发生异常;4月2日也发生过一次冲击,微震机理也出现异常,如图10所示。可以看出在发生冲击以前,微震现象都有异常,异常时间1~3天不等。因为一一对应很难进行预测和预警,但发现异常后可提前采取防护、避让措施。利用这个原理已经避免了很多次冲击,以及对人员的伤害。

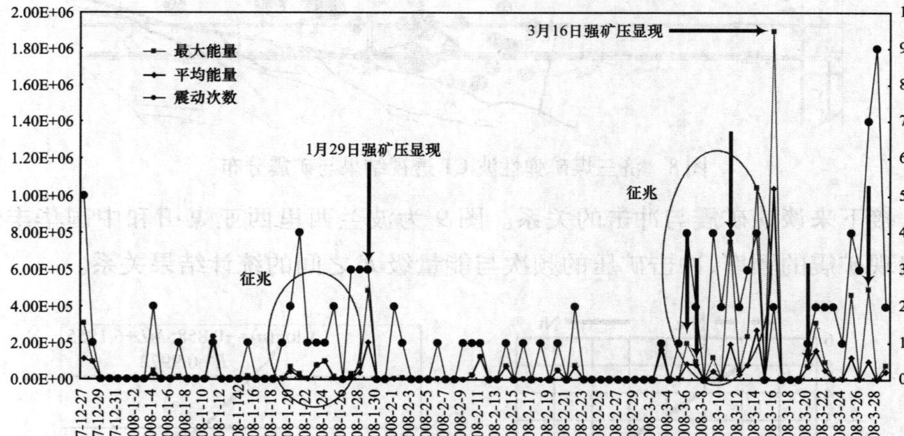

图10　华亭煤矿冲击前后微震异常情况

在淮北海孜煤矿,我们记录到过煤和瓦斯突出的矿震信号。该矿Ⅱ采区上方有一层120m厚的火成岩,距煤层大约180m左右。Ⅱ1202和Ⅱ1204两个工作面回采后，地表下沉量非常小，只有 400mm。在Ⅱ1206 工作面掘进时，发现了煤与瓦斯突出，突出煤量 $600m^3$，瓦斯 $30000m^3$。这次煤与瓦斯突出共记录到可以定位的波形 9 个，从第二个波形开始，震源均处在掘进头前方 20m 的范围，而且连续来回震动。从记录到第一波形到第九个波形，持续时间两分钟。根据微震监测系统记录，这次煤与瓦斯突出共突出过程产生的震动能量不大，最大一次矿震能量为 8×10^3J。图 11 是突出过程的震动波形及震源分布，这为煤和瓦斯突出的监测预警提供了一个新的途径。

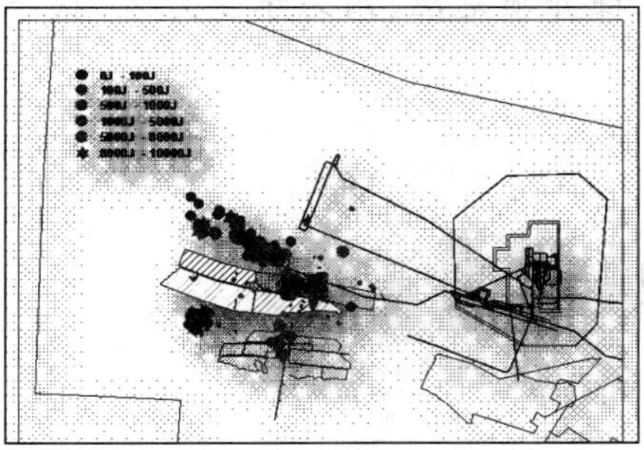

(a) 震源分布

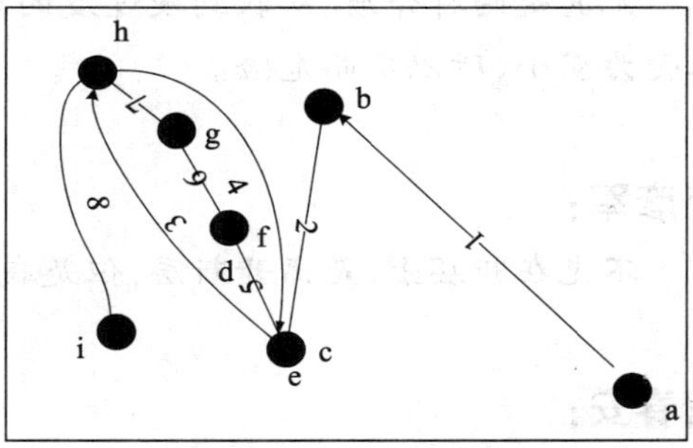

(b) 震源轨迹

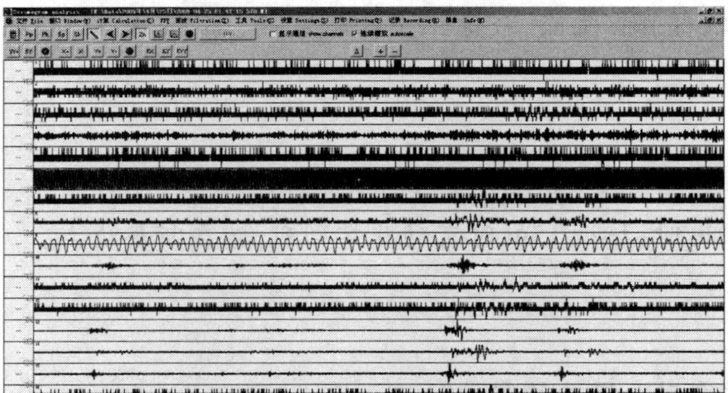

(c) 第一、第二个震动波形

图 11　海孜煤矿“4. 25”煤与瓦斯突出

尚彦军：

现在我们研究遇到一个情况，一边是花岗岩，一边是砂岩，原来尽量不要跑到砂岩里，因为砂岩比较软，在大亚湾发生的事情，我们说不要进入砂岩，砂岩水比较大，粉砂岩比较软弱，这个边界是断层，基本上离断层50多米地方发生岩爆，当时我们打了两个钻孔200m，测的地应力13MPa。

唐春安：

尤其是两种介质，从软到硬过度的话，硬介质危险，因为承受力大，软介质承受力变小，所以反而危险。

尚彦军：

不光在断层上，是离开断层，但是我们经验是50m。

唐春安：

过去两种介质，为什么过去用 γH 不行？有一点差距，但是差异小得多，但是应力集中，软就躲在里面，就像三个人抬东西，高的、硬的、强的抬进来，弱的不抬了。

窦林名：

在断层掘进时，接近15m时震动非常剧烈，就在断层边上。

钱七虎：

哪里来的震动？爆破的震动？

窦林名：

本身的矿震，不是爆破的震动，矿震比较高，10^5。

钱七虎：

原来没有破坏的岩石，还有资料说原来已经破碎，没有岩爆，挖了以后，围岩破了，但是是稳定的，没有产生岩爆。矿震以后，破坏了这个稳定，提出来超级摩擦。本来破坏了块体的平衡态，为什么稳定呢？因为这个摩擦力使它稳定，如果震动一下，摩擦力降低。矿震诱发的是这一类岩爆。这一类岩爆和我讲的完整岩石是两码事。矿震可以诱发岩爆，俄罗斯有这样的资料，而且他们也测出来了。本来隧道挖完了，没有什么岩爆，其他地方矿震诱发的岩爆把原来已经开挖稳定的巷道，一不稳定又岩爆了。我想从理论上讲这个道理，为什么滞后 1 个月还有岩爆。因为开挖的巷道已经变形并稳定。这里的岩爆诱发了那里的岩爆，这里顶板断裂诱发了震动，不一定是变形能增加，而是诱发了原来平衡态的破坏，所以要研究矿震的关系。CT 反演的是应力水平，应力水平不一定和微震对起来，什么情况对起来？一定要高于一定强度时，高的应力水平时，微震破裂，一定情况下对应，一定情况下不对应。

窦林名：

上面岩层断裂时，大的震动都在岩层断裂里，这是工作面往前推进，断裂面有的在前面、有的在后面形成矿震。由于下面我们做了很多工作，还没有产生冲击现象，10^5、10^6 都有，煤层里有很多卸载措施，没有显现。

钱七虎：

CT 和应力水平对应还不是那么简单，其对应的是一维的应力水平，实际上地下是三维的应力状态。实验室 CT 做的波速和应力水平是一维的，三维的就复杂了，什么样的三维，反演准确很难。

姜福兴：

前天我们测了一个实验，要定一个指标，比如今天是 10^6J，会不会发生冲击，矿震怎么办。刚才窦教授说了有一个统计规律，但实际上工程很难定这个东西。

钱七虎：

还要决定于结构状态，能不能失稳，一方面是能量和外因，那个地方的状态如何。焦耳当然大，肯定容易发生，如果那个地方支撑很好，原来不破坏，再大能量也破坏不了。

姜福兴：

原来政府规定有一条，大于 10^4J 能量必须上报到省一级的管理部门，后来我们把这条去掉。一个矿一天就 100 多次，每次都报，管理部门受不了。

潘一山：

抚顺一个矿 1978 年发生矿震，才 2.7 级，死了六七个人，主要是由于顶板断裂释放出来的能量所产生的破坏。

唐春安：

锦屏岩爆，我们测震级确实不是最大的，但持续发生了两分钟，从震级来讲是小的，把能量加在一起很大。震级计算是按照这个点测一个，那个点测一个，两分钟任意找一个点算震级都不是很大，但那次全垮了，非常完整，几秒几秒，全是这个过程。有时候震级和灾害大小不对应，但是有关系。

钱七虎：

以前我看超级摩擦不知道干什么用，就是分析这个。

王明洋：

支护减震办法肯定有用，但是从原理来看不是这样的，但是肯定有用。

张镜剑：

我刚才看到窦教授的演示，形成"强—弱—强"三圈，如何知道三个圈的厚度？

窦林名：

在理想状态时，弱结构是一圈最好的，大部分做在煤体里，对 10～15m 范围内的岩体内部进行爆破，支护体留下来，厚度半径大约在 2.5m，直径在 5m 左右。现在我们做到底板，下面基本是半圆形的，底板有时会出现，有些情况下则不会出现。

张镜剑：

人工办法，钻孔，少量炸药形成这种结构，就知道有多厚，是否松弛。

王明洋：

相当于在周边打一些洞。

窦林名：

主要是对岩体进行弱化。

尚彦军：

煤矿上碰到一些影响比较大的断层，最好垂直穿过断层走向，再就是断面小一点。

窦林名：

若煤矿上断层，也是想办法垂直，实在不行，角度要大，断面要大，支护要有特殊的支护。淮南的一个矿，过一个 100 多米的断层，就是在地面打钻，进行注浆。

岩爆发生的应力条件

◎王明洋

深部岩体的岩爆需要一定的初始条件,一是应力作用要持续一定长度的时间,二是初始地应力水平要达到一定高度。地质体经历亿万年的构造,其中以压缩过程为主,因此,在做实验时,加载时间一定要足够长,以削减局部应力影响,使之接近静水压力状态,这样才能把应力和能量加载到试件内部。另外,初始应力一定要达到相应的水平。在该应力水平下,岩体体积变形是弹性的,而形变已经进入塑性状态。这是因为要把岩体在体积上压缩成非线性,需要的压力要达到 GPa 的数量级,但要把岩体压缩产生塑性形变,却是较容易达到的。

在较高的初始应力的长期作用下,突然卸载时岩体内部将会产生两个卸载波,一个是弹性波,另一个则类似于体积波。体积波的传播速度比弹性波慢。这两个卸载波叠加起来构成了完整的卸载过程。快速卸载条件下,材料以惯性运动为主。传播速度较慢的塑性波是在已经弹性卸载的材料里运动,所以材料更容易破坏。另外,卸载有一定的速率,从理论上说,把一个东西压缩以后突然卸载,前面压缩以后缺陷来不及复合,岩体的非均匀性影响应该是非常大的。

还有一种情况,卸载速率很慢,岩体的变形是准静态的。但是在受到某种扰动的情况下,平衡状态有可能被快速打破,从而产生一种运动性的破坏。该运动的能量是初始应力赋予岩体的。

卸载速率、缺陷、初始应力,这三个方面共同决定了岩体的破坏模式。惯性运动、连续运动和准静态运动,这三种模式可能把岩爆的各种运动表现形式大致涵盖起来。

我认为,研究岩爆一定要把最基础的机理搞清楚,进而提出描述岩体岩爆倾向的宏观参数。我们现在就在做这个工作。地应力与岩体强度之比,决定了体积压缩能量和形变能量分配关系。如果岩体完全处于弹性状态的话,这个比值是一定的，弹性理论决定了在压力作用下体积变形的能量与形变的能量的比例。但是如果地应力高到一定程度，情况发生了变化，势能转换成动能，要比原来我们认为的弹性比大。达到一定地应力情况下变形主要是形变。

窦林名：

关于时间的因素，您说的时间非常重要。岩爆是动态的，时间关系非常密切。从我们研究的情况和现在发生煤矿冲击的情况来看，冲击后的岩波是动载和静载的共同作用产生的。煤矿冲击事故在埋深200多米、100多米也非常厉害，这种情况下地应力非常低。现在说的冲击力发生有冲击倾向性，有标准实验，如果加载速度不一样，倾向不一样，速度非常快的话，原来冲击倾向比较弱，会把特征变成强冲击力；如果速度很快，后面曲线会瞬间下来，非常陡。动载产生以后，产生中波，中波被压缩，中波横波相当于压应力和拉应力。两个瞬间叠加以后超过这个程度，原来可能是单向、三向的应力，瞬间超过这个强度以后，产生释放。由于采动很多，有8m、10m、20m，坡段很多，产生岩爆。一般情况，200多米产生的话不会产生这么大的冲击现象，宽沟煤矿发生过这种现象，主要是大面积岩石破坏。到了深部以后，在深度达到1300m、1400m情况下，巷道掘进的时候，也会产生小型岩爆，地应力应该是静载越来越大，动载越来越小，小的震动会造成冲击。岩爆也好，冲击也好，都是由于静载和动载，浅部是动载为主体，深部以后静载和动载共同作用。

汤　雷：

我谈一下关于卸载速率的影响。我们可以考察一下被挖掉的那一块岩体，在切割时，如果切割的慢，被挖掉那块岩体所吸收的地应力肯定会少，如果挖得快，那一块岩体会在间隔时间里继续吸收，由于吸走能量，后面剩下能量少，因此发生岩爆能量少。

钱七虎：

我们认为顶板断裂本身就是岩爆一个例子，你的观点是顶板断裂以后的动载再引起岩爆,所以这两个差别是什么我也搞不清楚。

齐庆新:

冲击地压是在井下破坏的地方,煤矿开采工作面长度200~300m,造成非常大的采动区,结构面慢慢破坏,而且会坏到一定高度,这个断裂高度就叫顶板断裂。怎么断裂我们不管,因为不影响人类作业空间。这个顶板的破坏不会形成动载传到巷道,导致这个地方发生冲击地压。我们关心的是人活动范围内的破坏,人活动以外的断顶破坏可以不考虑。

钱七虎:

不是现在的采动区,我们讲的卸载包括历史的,二维采动,一维就是一个卸,二维除了卸了的还有一个应力,所以就复杂了。三维更复杂,你们多个采动面无非就是三维卸载。

齐庆新:

您说的这个概念只是拿一个岩块受力状态而言,从工程上讲,冲击地压是指我们人能感受到的,应对人的作业空间能够构成影响的。

钱七虎:

我们研究岩爆的机理,有卸载应力,有卸载加动载,现在我们大量的普遍的是指哪一个?假如没有动载,有没有岩爆?也有。我们探讨的时候,应该区分不同的条件。冲击地压也是岩爆的一个例子,岩爆就是岩石爆炸,凡是属于这一种的都叫岩爆,这种是在这种情况下发生,那种是在那种情况下发生的。但必要条件的一定要有开挖,一定要有变形能转变成动能,一定要有这个条件,这是最基本的。

岩爆五因素综合判据和岩爆分级

◎张镜剑

岩爆问题是世界各国根据本国岩爆发生实际情况加以总结，提出不同的判据和分级，能够从判据预测岩爆是否发生与可能发生岩爆时岩爆级别的大小，但绝大多数的判据只考虑了一个因素，不能适用岩爆时受多种因素综合控制发生为主。唯有我国秦岭隧道的判据，提出四因素，但是只预报，而没有分级，不能够判断岩爆的强弱。

我们合作提出的岩爆五因素综合判据，主要是应变型岩爆，并得到验证，结论是可取的。

通过锦屏一级和二级两座水电站应变型五因素综合判据及其分级，进行分析，可以得到一些重要认识。

表 1　岩爆五因素综合判据和岩爆分级

影响岩爆因素	无岩爆	弱岩爆	中岩爆	强岩爆
σ_1/R_c	<0.15	0.15～0.20	0.20～0.40	>0.40
σ_θ/R_c	<0.20	0.20～0.30	0.30～0.55	>0.55
R_c/R_t	<15	15～18	18～22	>22
W_{et}	< 2	2～3.5	3.5～5	>5
K_v	<0.55	0.55～0.60	0.60～0.80	>0.80

注：σ_1/R_c 和 σ_θ/R_c—岩爆的力学要求；R_c/R_t—岩石的脆性系数，它是岩爆对岩石的脆性要求；σ_1—围岩洞壁最大主应力；σ_θ—围岩洞壁最大切向应力；R_c—岩石单轴抗压强度；R_t—岩石单轴抗拉强度；W_{et}—岩石弹性能指数；它是岩爆对岩石的储能要求；W_{et} = 岩石弹性应变能/岩石耗损应变能，均由加、卸载应力应变曲线中的面积求出；K_v—岩体完整性系数。

表1中，岩爆五因素综合判据和岩爆分级的第一个因素是主应力和岩石抗压程度的比；第二个因素是最大切向应力和抗压强度的比；第三个因素叫脆性系数，如果系数等于1，就和金属一样，它的延性就更大了，更没有脆性了。根据我们研究，这个脆性是很重要的因素；第四个因素弹性能（应变能）指数，应变能指数是弹性能和损耗能的比值。如果比值为1，全部消耗掉了；如果比值大，说明损耗能很小，还有大量的应变能。K_v 是岩体完整性系数，完整性系数越大，岩石越完整。

表2是锦屏二级水电站辅助洞岩爆五因素综合判据及其岩爆分级，表2第1项是强岩爆，第2项是强岩爆，第3项是中偏强岩爆，第4项是中岩爆，第5项是中偏强岩爆。强岩爆占40%，中偏强40%，说明必然发生岩爆的。锦屏二级水电站辅助洞大理岩 R_c 为110～120MPa，按我国《水利水电工程施工组织设计规范》（SL 303－2004）的分类规定，$R_c \geqslant 100$MPa，SK认为是坚硬的岩石。此外，从表1和表2得该辅助洞围岩岩石 $R_c/R_t = 21 > 15$，说明脆性很大，又有 $W_{et} = 3.5 > 2.0$，表明岩石弹性应变能大于耗损应变能。施工开挖表明大理岩结构完整，与现场测试所得 $K_v = 0.76$ 结果基本一致。以上说明：外因地应力大，内因岩石硬、脆、储能好和岩体完整性好，因此必然发生中—强岩爆。最大岩爆岩块尺寸达到4.0m×2.0m×1.5m。

表2　锦屏二级水电站辅助洞岩爆五因素综合判据及其分级

岩爆因素	σ_1/R_c	σ_θ/R_c	R_c/R_t	W_{et}	K_v
数值范围	0.345～0.591	0.5～0.9	20～22	2.0～5.0	0.76
平均值	0.468	0.70	21	3.5	0.76
岩爆分级	强岩爆	强岩爆	中偏强岩爆	中岩爆	中偏强岩爆

表3是锦屏一级水电站地下厂房硐室群五因素综合判据及其分级。根据表1和表3可知：锦屏一级水电站地下厂房硐室群虽然外因地应力很大，足以发生强岩爆，但其内因大理岩 $R_c = 50～70$MPa，小于SL 303－2004规范要求，属于软岩。同时得 R_c/R_t 仅为10～12，平均11，小于15，表明脆性不足，具有延

性；并且 K_v 小于 0.55，说明岩体完整性欠佳。以上说明内因不具备岩爆条件，所以不发生岩爆。但是，$W_{et}=3.5$，居中间值。因此，现场监测证实必然出现一系列破坏现象，逐步缓慢释放岩体弹性应变能。

表 3　锦屏一级水电站地下厂房硐室群五因素综合送气及其分级

岩爆因素	σ_1/R_c	σ_θ/R_c	R_c/R_t	W_{et}	K_v
数值范围	0.18～0.50	0.50～1.43	10～12	2.0～5.0	0.34～0.72
平均值	0.34	0.96	11	3.5	0.53
岩爆分级	中编强岩爆	强岩爆	不发生岩爆	中岩爆	不发生岩爆

综上所述：此两项工程实例不仅说明除了外因——地应力要足够大，最终内因——岩石要具备硬、脆、储能好和岩体完整性好，才能发生岩爆，而且也验证了应用岩爆五因素综合判据及其分级预测岩爆是否发生，是可取的。

我们提出的是五因素，还可以考虑六因素，还可以发展。它有一个缺点，要求比较完整的岩石。另外要有硬、脆、储能。锦屏一、二级，一个在上游，另一个在下游，相距仅十七八千米，这两个电站情况非常符合这个规律。

何满潮：

您刚才说的硬、脆、完整才发生岩爆，现在实验发现不硬、不脆、不完整也发生岩爆。从理论上讲，岩石的脆性和延性，岩石浅的时候，有时候表现为脆性，但是深部高应力状态表现为延性，这是不争的事实。开始脆性到深部以后高应力状态变成延性，开挖时应力状态变了，又从延性变成脆性。我们原来在重大项目时讨论过这个问题。一定要说它脆，恐怕不是问题的全部。

钱七虎：

我补充一句，张教授讲的脆不是指埋在那儿没有卸载的脆，是已经卸了的脆，已经脆了。延了一卸载，又变脆了。不同围岩情况下应力面是在变的，假如围压以后就变延了，不加围压就是垂直的。本来深部时，如果不动它是延的，深部情况下为什么延性，俄罗斯有一本书中提到，加了围以后，相当于这个深度压力，围压以后脆了也变延了。

方祖烈：

张教授刚刚讲大理岩50～70MPa定为软岩，一般情况下是30MPa以下是软岩，还有一种争论是15～20MPa以下是软岩，如果规定50～70MPa也是软岩，问题就大了。

王明洋：

影响岩爆因素，第一和第二可以合并，因为最大主应力，从理论上，硐壁相差2倍，环向应力减去0，初始地应力状态。

张镜剑：

有一个公式，$\sigma\Theta = 3\sigma_1 - \sigma_3$。《应变型岩爆五因素综合判据及其分级》已在《岩石力学与工程动态》2011年第1期（总第93期第27－41页）非正发表。*Criterion and classification for strain mode rockbursts based on five－factor comprehensive method* 已被收录到 Proceedings of the 12th International Congress on Rock Mechanics，2011. CRC Press / Balkema.

巷道岩爆的一些初步数值模拟研究

◎王学滨　潘一山　陶　帅　伍小林

1. 一些典型的岩爆现象

先介绍一些典型的岩爆现象：现象 1 是岩爆发生之后，在围岩中出现 4 个 V 形坑的现象(图 1)，这些坑常称为岩爆坑；现象 2 是 V 形坑内的层裂现象(图 2)。

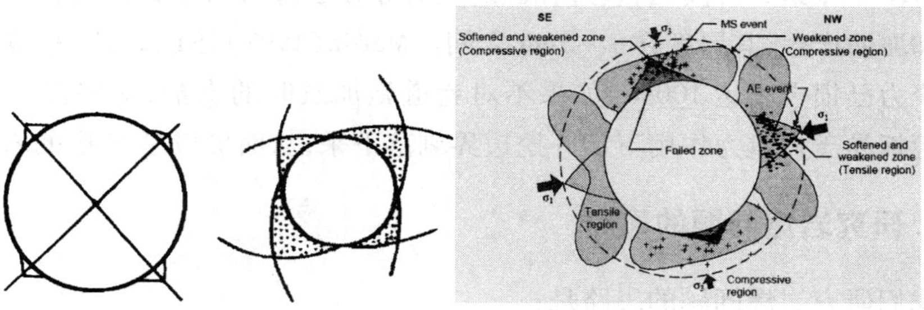

(a)　(b)　(c)

图 1　一些典型的实验和现场观测结果

(a)陆家佑和王昌明(1994)的实验结果；(b)Ortlepp 和 Stacey(1994)的现场观测结果；(c)Read(2004)的现场观测结果

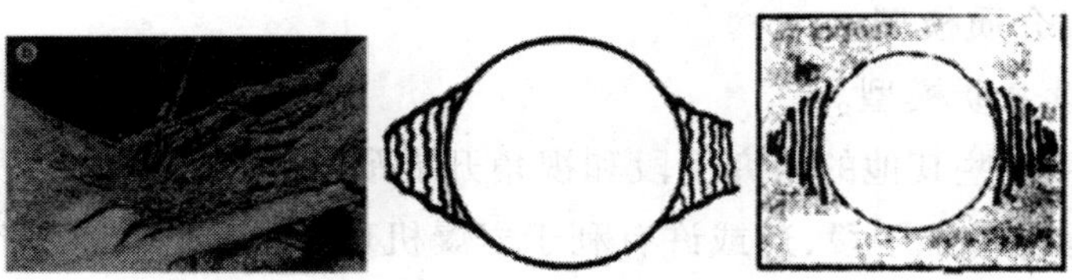

(a)　(b)　(c)

图 2　V 形坑内的层裂现象

(a)Martin(1997)的现场观测结果；(b)、(c)示意图

图 1(a)是陆家佑和王昌明(长江科学院学报，1994，11(3)：27－30)在静水压力条件下获得的实验结果，巷道围岩中出现了 4 个对称的 V 形坑；图 1(b)

是 Ortlepp 和 Stacey[Tunnelling and Underground Space Technology, 1994, 9(1): 59 - 65]在现场发现的常见的巷道围岩的破坏形式,巷道围岩中出现了4个V形坑,但是更大一些,每个坑就像狗的耳朵一样。图1(c)是 Read(International Journal of Rock Mechanics and Mining Sciences, 2004, 41: 1251 - 1275)给出的非静水压力条件下,巷道围岩中的声发射事件及弱化区的分布规律,巷道围岩中出现了两个压坑和两个拉坑,第1主应力方向的坑的是拉坑(比较尖),第3主应力方向的坑是压坑(比较钝)。

图2给出了一些V形坑内的层裂现象,层裂区域的外轮廓近似呈V形。Martin[Canadian Geotechnical. Journal, 1997, 34(5): 698 - 725]认为V形岩爆坑形成的主要过程包括4个阶段:损伤阶段、扩容阶段、劈裂成板的剥离阶段及稳定阶段。在第3阶段,断裂过程区的发展导致了薄板的形成,它们通过剪切、劈裂和屈曲产生,其厚度在1 ~ 5cm之间。Martin(1997)还认为,这些薄板之间的内聚力已损失高达100%,如果不对巷道施加及时的支护,这些像一叠卡片似的薄板易于在重力作用下从开挖边界剥落下来,从而形成呈V形的岩爆坑。

2. 研究岩爆问题的思路

我们研究岩爆问题的思路是:

(1)采用数值方法,想办法模拟出实验和现场观测到的现象,以此来检验数值方法的正确性,为进一步的应用研究提供研究方法,我们采用了两种模型开展研究:

(i)连续介质模型。

(ii)连续介质模型。

(2)采用一些其他的研究手段和视角开展研究,而不是仅利用应力、应变、塑性区、位移等传统手段,这或许有利于岩爆机理的认识。这些研究手段包括:

(i)利用环向应力或主应力判别各种级别的岩爆区的分布及演变规律。

(ii)利用声发射、能量释放率、b 值等的演变规律以及能量释放的时空分布规律研究岩爆的过程(包括何时发生、发生位置及规模)及前兆。

3. 非连续介质模型

将岩石视为非连续介质之一的颗粒体材料。颗粒被视为弹性材料，而颗粒之间的界面破坏后被视为莫尔－库仑材料。颗粒和界面均被离散为正方形单元。生成1个模型大致包括下列6个步骤：①生成颗粒堆积体；②从颗粒堆积体中切割出指定尺寸的模型；③确定界面的尺寸和位置；④剖分单元，修正界面单元；⑤赋予单元本构关系；⑥加载、计算及结果保存。图3给出了生成颗粒堆积体的一个过程。

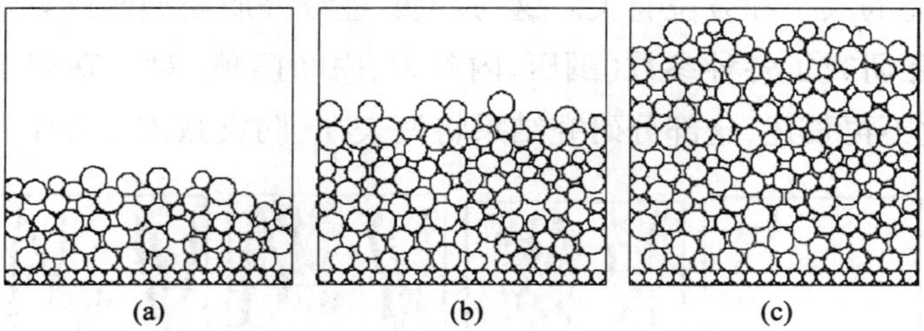

图3　颗粒由下至上的堆积过程

图4(a)给出了从颗粒堆积体中切割出来的1个矩形模型(仅有圆形颗粒)，图4(b)是剖分单元后的结果(已包含界面)，图4(c)是右下角的局部放大图，从中可以看清楚界面单元、颗粒单元和孔隙的细节。

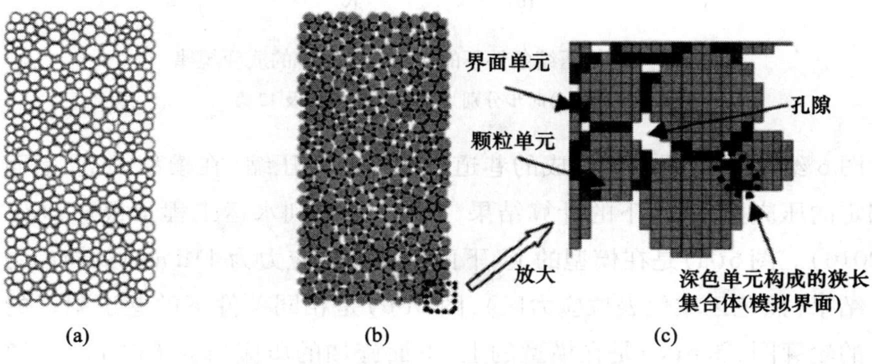

图4　切割出来的矩形模型(a)及剖分单元后的结果(b)～(c)

图5给出了图4(b)在压缩位移控制加载条件下的应力线的时空分布的计

算结果,颜色越深代表压应力的值越高。由此可以发现:

(i)开始时,应力线较短,以点状或短直线状分布于试样内部,图5(a);

(ii)随后,一些应力线相互联结,形成了更长、更清晰的应力线,图5(b)及(c),此时,贯通试样高度方向的应力线已基本形成;

(iii)最终,应力线的形态不再发生改变,清晰的应力线展布在几乎空白的背景之上,图5(d)。

这些计算结果就像离散元的结果(力线)一样。显然,颗粒体材料在压缩条件下,其压应力以应力线的方式在试件内部传递,应力线的位置应该与颗粒的排列方式和载荷的大小和方位有关。这与均质、连续介质模型的计算结果有重大的差别。我们还研究了各种参数(围压、内聚力、内摩擦角)对宏观应力－应变曲线的影响,在此不再赘述,这部分研究结果将发表在《防灾减灾工程学报》上。

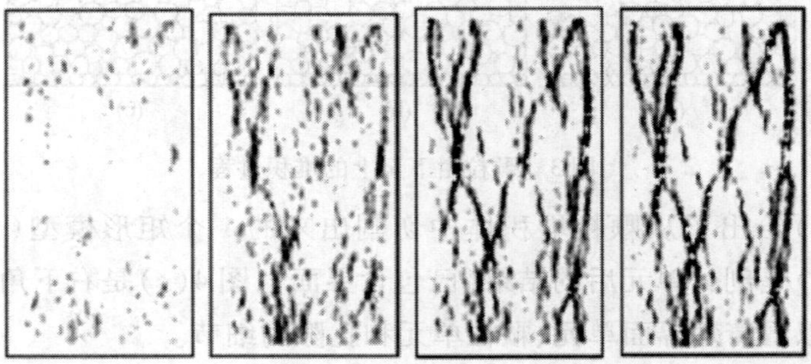

(a) (b) (c) (d)

图5　单轴压缩条件下的应力线随时步的演变规律

(a)～(d)时步分别为2万、6万、8万及12万

图6给出了由颗粒体构成的巷道模型在单向压缩(在模型的上、下面施加的固定的压应力)条件下的计算结果,发表在《水利水运工程学报》上(伍小林等,2010)。图6(a)是在模型的上、下面施加的压应力为4MPa时的拉应力区的计算结果(黑色区域代表拉应力区),图6(b)是相同条件下的巷道附近的拉应力区的轮廓图,图6(c)是在模型的上、下面施加的压应力为1MPa时巷道附近的拉应力区的轮廓图。研究结果表明:

(i)模型内部的拉应力的值接近于在模型的上、下面施加的压应力的值;

（ii）在巷道的拱部和底部，各形成了1个V形的拉坑，见图6（a），这与Read（2004）的观测结果中的尖锐的拉坑的形态比较类似，其尺寸或深度随着模型的上、下面施加的压应力的值的增加而增加，见图6（b）、（c）。

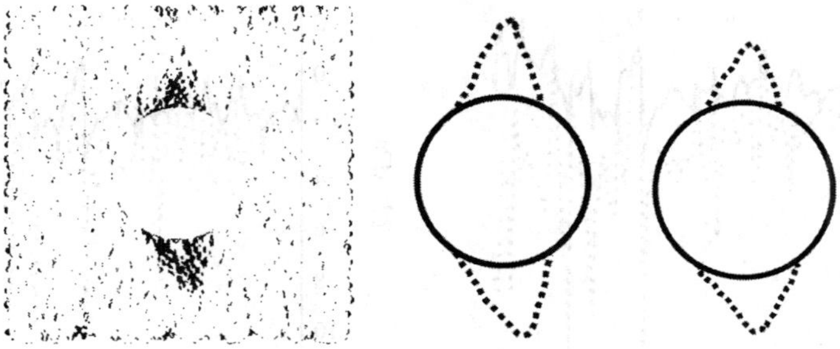

(a) (b) (c)

图6 单向压缩条件下，巷道围岩的拉应力区及轮廓图

（a）拉应力区；（b）、（c）巷道附近的拉应力区的轮廓图，

模型边界上受到的压应力分别为4MPa及1MPa

图7给出了巷道围岩在双向压缩条件下的一些计算结果，给出的是最小主应力（是指第1主应力，即绝对值最大的主应力，是压应力）的分布规律。最小主应力主要分布在巷道的环向，颜色越深代表绝对值越大。由此可以发现：

（i）当侧压系数 =1/3 时和 2/3 时，在巷道的两帮出现了层裂现象，图7（a）、（b）；

（ii）当侧压系数 =1 时，层裂现象遍布在巷道围岩的环向，就像分区碎裂化现象一样，见图7（c），离巷道表面越近，层裂现象越严重。

图7（a）和（b）与图2给出的现场观测结果具有一定的类似性。

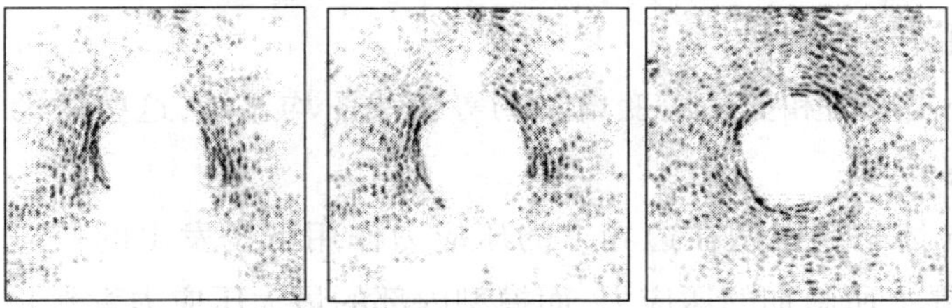

(a) (b) (c)

图7 不同侧压系数条件下，巷道围岩中的最小主应力的分布

（a）、（b）、（c）的侧压系数分别为1/3、2/3及1

图 8 给出了图 7 中巷道左侧的围岩中的 1 行被监测单元(这 1 行单元在通过巷道中心的直线上)的径向和环向应力的分布规律,由此可以发现:

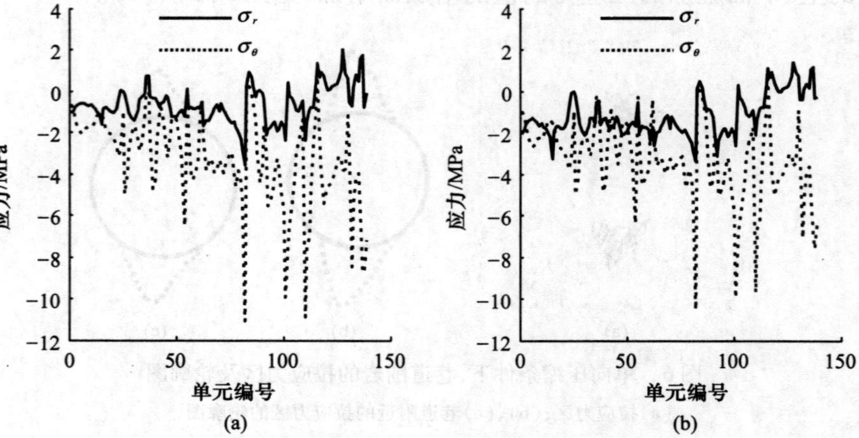

图 8　不同侧压系数时,巷道围岩中的 1 行被监测单元的两种应力的计算结果

注:纵坐标大于零为拉应力,(a)和(b)侧压系数分别为 1/3 及 2/3

(i)它们既不光滑,也不连续,这与连续介质模型的结果不同。如果我们将原本非连续的岩石看作连续的,纵然是将力学参数降低了,用连续介质模型去分析,应力场也是连续的。

(ii)在目前的结果中,在距离巷道表面一定距离之内的围岩中,有的单元的径向应力竟然出现了正值,即为拉应力。因此,我们将巷道围岩出现层裂的原因解释为:环向的高压应力和径向的高拉应力的共同作用。

此外,研究还发现:

(i)最小主应力和剪切应变增量的等值线图均显示,这些量的高值区的距离大致相等;

(ii)颗粒体材料模型在边界上的压应力作用下诱发出的拉应力的值接近于在模型边界上所施加的压应力,而模型内部的最大压应力竟然是边界上所施加的压应力的若干倍,倍数应该主要取决于颗粒体材料的孔隙度。

上述结果意味着均质模型和非均质模型的计算结果是偏于不安全的。这部分研究结果将发表在《岩土力学》上。

关于巷道尺寸效应的文章发表在《中国地质灾害与防治学报》上（伍小林等，2011），研究发现，随着巷道半径的增大，呈圆环形的剪切应变增量与最小主应力的高值区的圈数、呈辐射状的最大主应力的高值区的延伸范围及剪切应变增量的最大值都呈先慢后快的增长趋势。巷道尺寸效应问题的研究，在大规模岩石工程不断向深部发展，以及需要越来越大的地下硐室被开挖的今天，显得愈加重要和紧迫。在高地应力条件下开挖大断面的地下硐室时，如果仅在设计阶段基于均匀、连续介质力学方法进行分析和计算，可能会低估岩石工程建设及运行阶段发生岩爆等地质灾害的风险。因此，应该寻找更加行之有效的研究手段和技术，岩石的细观结构不应该被忽视。

我们还尝试将孔隙用不同强度的材料填充上，也得到了一些不同于传统的连续介质模型和目前的非连续介质模型的有趣结果（相互交织的滑移线网），目前，这部分结果还在整理之中。

4. 连续介质模型

（1）应变软化模型（传统模型）

在线性应变软化模型中，内聚力、内摩擦角都随着塑性剪切应变的增加而线性下降，直到达到残余阶段。在计算中，我们采用了下列方法：

（i）使用 Mohr – Coulomb 剪破坏与拉破坏复合的线性应变软化本构模型；

（ii）以“先加载，后挖洞”的方式进行计算；

（iii）使用适于模拟局部化的正方形网格。

图 9 给出了静水压力条件下的两个典型的计算结果，图 9（a）与陆家佑和王昌明（1994）的实验结果［图 1（a）］及现场观测结果非常类似；图 9（b）是在考虑岩石峰后扩容（即剪胀）条件下的结果，这与 Ortlepp 和 Stacey（1994）的现场观测结果［图 1（b）］具有较好的一致性。

采用这种模型，我们还研究了尺寸效应、围压、强度参数、侧压系数等因素对巷道围岩破坏过程的影响，感兴趣的读者可以参阅我们过去发表的文章，在此不再赘述。

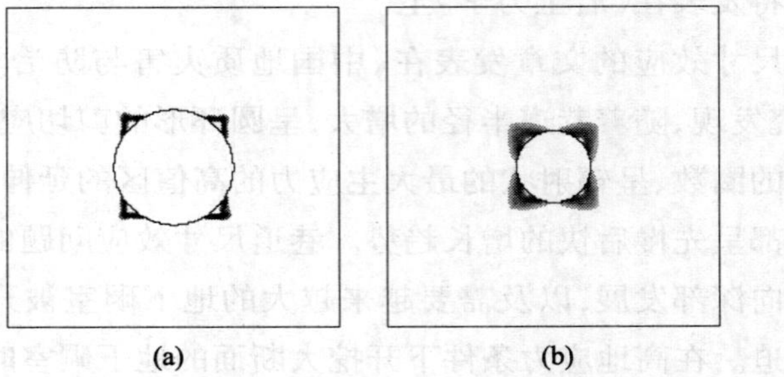

图 9　基于应变软化模型的巷道围岩的典型破坏形式

(a)不考虑扩容的结果;(b)考虑扩容的结果

我们还采用这种模型对巷道开挖之后的能量释放率及声发射数等的演变规律进行了数值模拟,图 10 给出了不同侧压系数条件下的两种(由于剪切和拉伸破坏引起的)能量释放率的计算结果。由此可以发现:

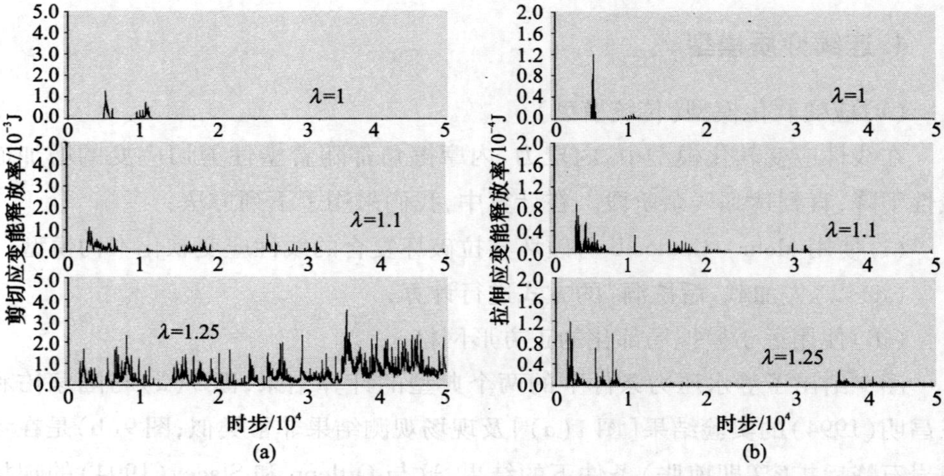

图 10　不同侧压系数条件下,巷道围岩中的两种弹性应变能释放率随时步的演变规律

(i)随着侧压系数的增加,两种应变能释放现象出现早,剪切应变能释放率的峰值提高,剪切应变能的释放现象变得剧烈;

(ii)当侧压系数为 1.25 时,当时步达到 6 万个时,在巷道围岩中仍有弹性应变能被释放出来,而当侧压系数为 1 及 1.1 时,当时步分别达到 1.4 万及 4

万个时,巷道开挖之后的围岩就已经达到了再次的静力平衡状态。

(iii)伴随着剪切应变能的释放,拉伸应变能也被释放出来,但是,其值要比前者小得多。

在静水压力条件下,我们还详细地考察了V形岩爆坑形成过程中的能量释放规律。图11给出了在巷道开挖之后,不同时步时的剪切破坏单元的分布规律,剪切破坏单元(位于巷道表面附近)用黑色区域表示,巷道用灰色区域表示。图12给出了剪切破坏单元数及剪切应变能释放率随时步的演变规律,为了清楚地显示5000个时步之前及5000至1万个时步之间上述两种量的演变规律,将上述两个时步间隔内的结果单独显示在图12中。由此可以发现:

(i)当巷道表面上的少量单元发生剪切破坏时[小于2500个时步,即图11(e)之前],剪切应变能释放率呈现"脉冲式"特点,剪破坏单元数-时步曲线具有较长的平台,呈"间歇式"上升的特点;

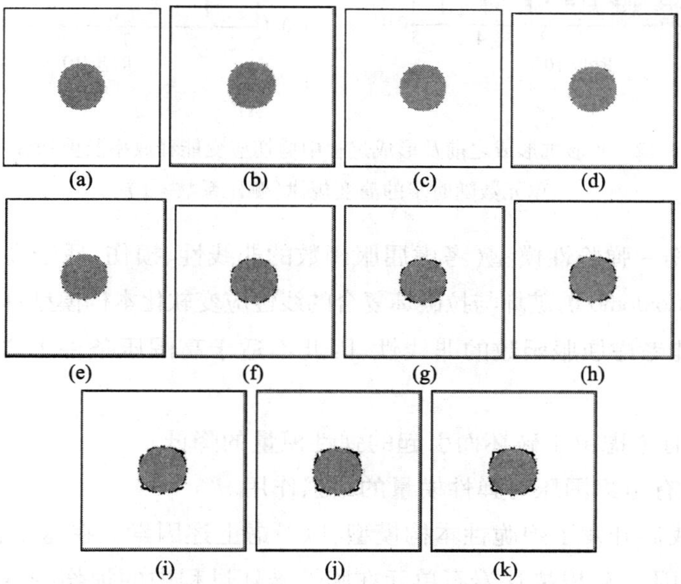

图11　V形坑形成之前及形成过程中的剪切破坏单元分布(侧压系数=1)

(a)~(k)时步分别为660、680、1010、1500、2440、5000、5860、5960、6080、6160及6220

(ii)当剪破坏单元开始向围岩中发展且在短剪切带形成之前[小于5700个时步,且大于2500个时步,即图11(f)],剪切应变能释放率呈现“振荡式”特点,剪破坏单元数-时步曲线的平台短,呈持续上升特点;

(iii)当短剪切带向围岩深部发展时[小于6500个时步,且大于5700个时步,即图11(g)之后],剪应变能释放率在短时步间隔内跃迁至远高于过去的值(大约100倍),剪破坏单元数呈快速上升的特点。

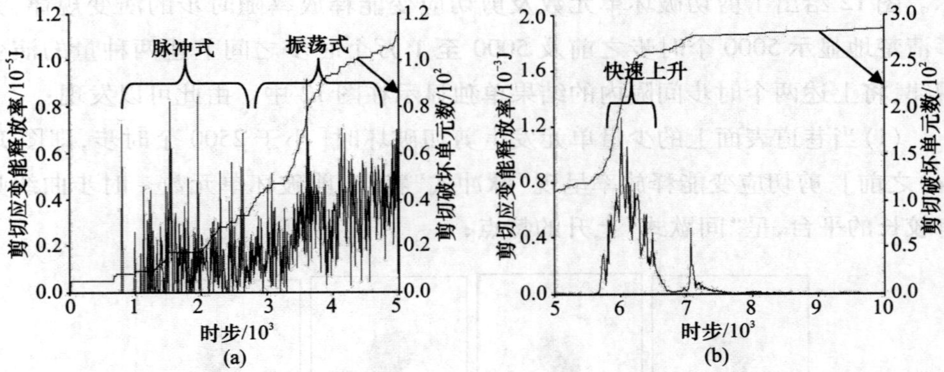

图12　V形坑形成之前及形成过程中剪切应变能释放率及剪切破坏单元数随时步的演变规律(侧压系数=1)

(2)损伤-弹脆性模型(考虑屈服函数的非线性、损伤,适于高围压)

Mohr-Coulomb剪破坏与拉破坏复合的线性应变软化本构模型具有下列缺点:

(i)不能考虑屈服函数的非线性,因此不适于高围压条件下岩石破坏规律的研究;

(ii)没有考虑由于破坏而引起的弹性模量的降低;

(iii)没有考虑围压对弹性模量的增强作用。

因此,我们开发了弹脆性本构模型,以考虑上述因素。在这个模型中,我们引入了损伤因子k,以描述岩石单元在脆性破坏过程中的损伤程度。$k=1$代表完全损伤(最严重的损伤);$k=0$代表不损伤;$k=0\sim1$代表任一中间状态。图13(a)给出了在单轴条件下,单元发生剪切及拉伸脆性破坏时,其弹性模量发生改变的示意图。图13(b)给出了这个模型中的初始和残余屈服面的示意图。

当第 3 主应力大于零时，我们没有对 Mohr - Coulomb 剪破坏与拉破坏复合的线性应变软化本构模型作修改；当第 3 主应力小于零时，我们采用 Hoek - Brown 屈服函数，以考虑围压对强度的影响。

在图 13(a)中，当应力 σ 及应变 ε 均大于零时，表示岩石单元处于单轴压缩条件下；当 σ 及 ε 均小于零时，表示岩石单元处于单轴拉伸条件下。E_0 是初始弹性模量，假定在压缩及拉伸条件下都相同。在单轴压缩条件下，单元发生脆性破坏之后的弹性模量用 $E_c(k)$ 表示。类似地，在拉伸破坏条件下，损伤之后的弹性模量用 $E_t(k)$ 表示。关于这个模型的细节参见我们将在《应用基础与工程科学学报》上发表的论文。

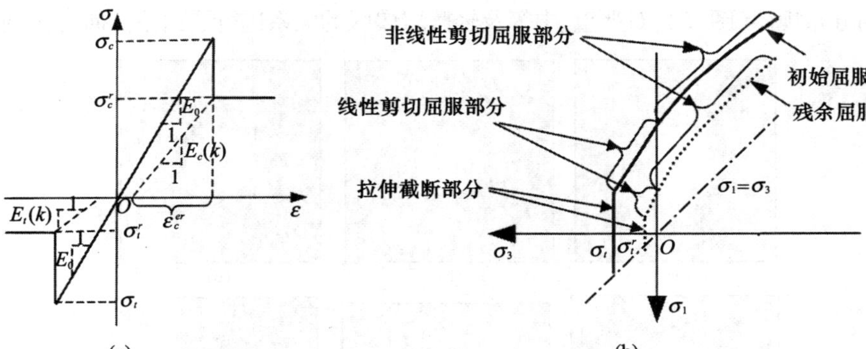

图 13　单轴条件下的损伤 - 弹脆性本构模型(a)及非线性的屈服函数(b)

针对不同计算网格的圆形巷道模型，我们已经将弹脆性本构模型的结果（包括应力和位移）和其他模型（Mohr - Coulomb 和 Hoek - Brown 模型）的数值结果和理论结果进行了比较，验证了模型的正确性，并且还研究了线性的和非线性的屈服函数交界处的应力水平（可以不为零）对计算结果的影响。这部分的研究结果参见陶帅等（2011）在《水资源与水工程学报》和《岩土力学》（增刊）上发表的论文。

在计算模型的边界条件及本构参数等均对称的条件下，采用我们开发的模型的计算结果显示，巷道围岩内会形成 4 个对称的 V 形坑[图 14(a)]；而采用 FLAC 中的接近脆性的 Hoek - Brown 应变软化模型模拟出的结果的对称性较差[图 14(b)]，这与现场观测及实验结果不太相符。

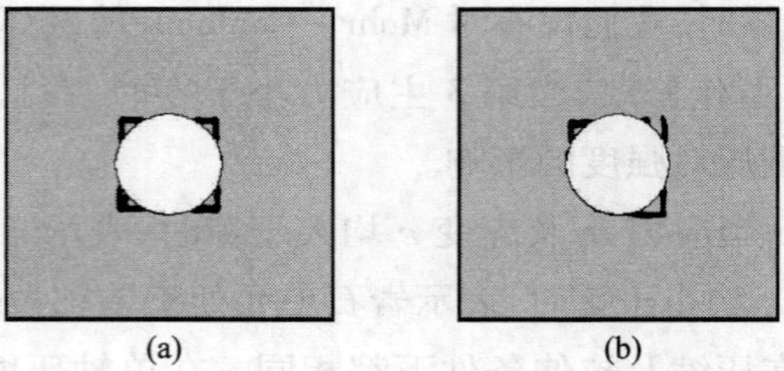

图 14　开发的非线性本构模型的计算结果(a)和 FLAC 中 Hoek – Brown 本构模型的计算结果(b)

采用徐林生及 Russense 判据(环向应力与单轴抗压强度之比)作为岩爆判据,我们研究了不同围压条件下,圆形巷道开挖之后围岩再次平衡时已发生的各种级别岩爆区的分布规律(图 15),对严重、中等及轻微岩爆区的关系进行了讨论。研究发现:

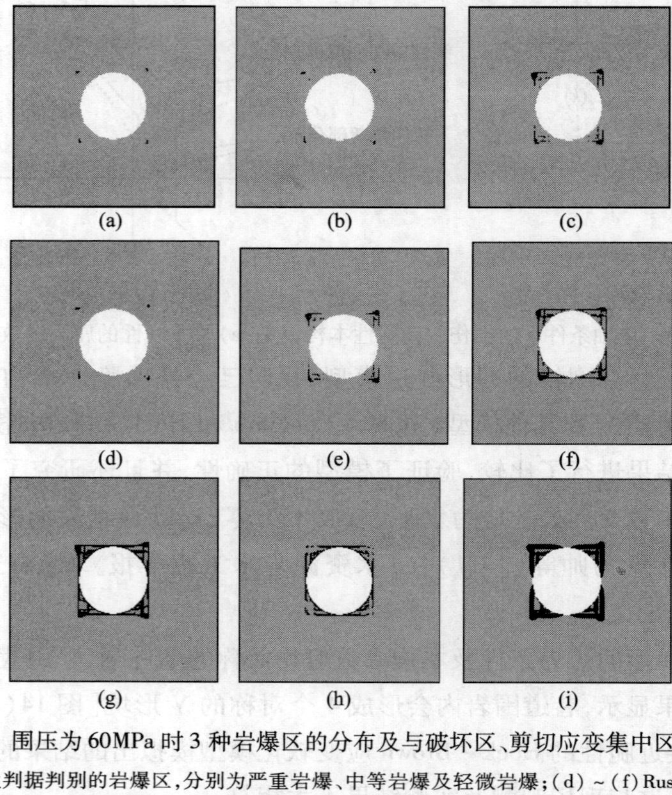

图 15　围压为 60MPa 时 3 种岩爆区的分布及与破坏区、剪切应变集中区的比较

(a) ~ (c)徐林生判据判别的岩爆区,分别为严重岩爆、中等岩爆及轻微岩爆;(d) ~ (f) Russense 判据判别的岩爆区,分别为严重岩爆、中等岩爆及轻微岩爆;(g)破坏区;(h)拉破坏区;(i)剪切应变增量的高值区

(i)随着围压的增加,围岩中发生各种级别岩爆单元数不仅增多,而且向围岩深部迁移;

(ii)轻微岩爆区的分布与塑性区的分布更为接近,轻微岩爆区的尺寸最大,而严重岩爆区的尺寸最小;

(iii)离巷道表面较近的发生轻微岩爆的单元可能不发生中等岩爆,离巷道表面较近的发生中等岩爆的单元可能不发生强烈岩爆,具有剪切应变增量高值的单元不都发生岩爆。

在不同损伤因子 k 条件下,我们采用弹脆性本构模型研究了破坏区及体积模量(和弹性模量有关,能反映出岩石的损伤程度)的分布规律。图 16(a)、(c)给出了破坏区的分布,图 16(b)、(d)给出了体积模量的分布,颜色越深(黑色最深),代表体积模量的值越高。由此可以发现:

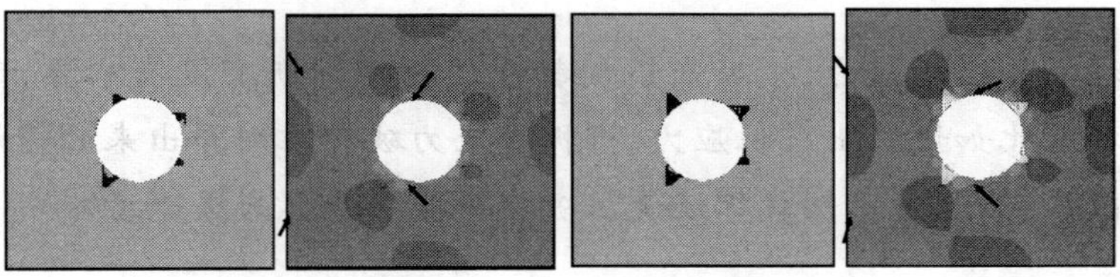

(a) (b) (c) (d)

图 16 不同损伤因子条件下的计算结果

(a)、(c)破坏区,损伤因子分别为 0 和 1;(b)、(d)体积模量,损伤因子分别为 0 和 1

(i)$k=1$ 时(损伤最严重)发生破坏的单元数要多一些;破坏区的深度要深一些;

(ii)$k=1$ 时具有较低的体积模量的单元数显然多于 $k=0$ 时;

(iii)$k=1$ 时 V 形坑内部岩石单元的损伤程度更高。

此外,还可以发现一些共性:

(i)V 形三角坑比较尖锐;

(ii)巷道表面附近的一些单元的体积模量由于损伤而发生下降;

(iii)V 形坑尖端位置(箭头指示位置)的单元的体积模量提高,这是由于这些位置的第 3 主应力较大,致使弹性模量有较大幅度提升所致。

5. 尚未解决的问题

(1)如何能模拟出V形坑内的层裂现象？虽然目前分别模拟出了这两种密切相关的现象，但是，尚未模拟出它们的共存现象；

(2)如何将除了应力之外的其他因素（例如，能量、完整性及脆性等）引入到判据之中？进而对岩爆进行更准确的判别；

(3)如何通过实验验证数值结果？例如，关于能量释放率的计算结果如何检验？

由于时间有限，汇报得比较粗略，研究的水平还有限，恳请专家们给予建议和指导！

钱七虎：

岩爆坑是算出来应力，根据张镜剑教授的判据判断有没有岩爆，还是根据具体的破坏？比如说算出来拉应力，根据拉应力破坏准则算出来的岩爆坑。你谈到剪切破坏，岩爆是剪切破坏还是拉破坏？能不能算岩爆速度？

王学滨：

因为岩爆判据目前有几十种，我们采用几种公认的、报道比较多的进行岩爆判别，例如：徐林生判据、Russense 判据、巴顿判据、谷明成－陶振宇判据及张镜剑教授等提出的判据等。V形岩爆坑是用第1主应力、第3主应力和环向应力判断出来的。满足强烈岩爆判据的单元就认为它发生了强烈岩爆，对于中等的和微弱的岩爆判别，其方法也是类似的。有的单元可能发生不同级别的岩爆。由于一些岩爆判据里有第1主应力、第3主应力、抗压强度，也有抗拉强度，所以我们就将岩爆分成拉伸岩爆和剪切岩爆。目前，还不能计算出岩块飞出去的速度。破坏不一定会发生岩爆，岩石发生破坏之后才利用岩爆判据去判别。

钱七虎：

不是根据破坏准则算出来的？

王学滨：

是的，岩石发生破坏之后才利用岩爆判据去判别。

钱七虎：

对比以后有没有矛盾？

王学滨：

不矛盾。破坏的单元比发生岩爆的单元多，图 15(g)是破坏区，和图 15(a)～(f)相比，黑色单元的数量是最多的。

钱七虎：

你在分析能量释放时只谈到剪切破坏单元的情况，有拉伸破坏吗？

王学滨：

巷道表面的一些拉伸破坏单元会发生拉伸岩爆。在研究能量释放率时，我们更关注剪切破坏单元的时空分布规律，因为剪切破坏释放能量多，所以主要考虑的是剪切破坏单元的分布及演变规律。在计算中，也有发生拉伸破坏的单元，在图 11 中没有显示，因为拉伸破坏释放的能量少。

L. R. Sousa：

我有两个问题：①我研究岩爆风险分析，有很多数据库，实例中都考虑了支护，你这里有没有考虑支护？②岩爆破坏是一个动力学过程，你的分析是一个静力学过程？考虑动力学更合适一些。

王学滨：

目前的模拟没有考虑支护。对于岩爆的判别，我们采用了静力的判据，但是，在数值分析时，我们利用了运动方程(牛顿第二定律)，在运动方程中有速度的变化量和力，力包括阻尼力和其他力。但是，确定没有应变率效应。

钱七虎：

预测时可以不要支护，要分析支护作用时一定要有支护。准确的预测应该是动力学的分析，刚才两个报告都是静的，我们现在正在编动力的，开挖要有时间，运动也有时间。

L. R. Sousa：

岩爆和破坏这两个概念的区别和联系也是非常重要的。岩爆肯定是一种破坏，但不是所有的破坏都是岩爆，岩爆的破坏和一般别的破坏的区别是什么呢？讲的时候强调一下。

钱七虎：

破坏以后能量要有剩余的话才是岩爆。

王学滨：

我用的是静力判据，没有考虑剩余的能量等问题。

钱七虎：

张镜剑教授的判据是宏观的，分析岩爆可能不太准确。

王学滨：

目前用的是强度指标，判别结果显示：破坏区大，而岩爆区小，只有破坏才可能岩爆，一旦单元满足剪切或拉伸破坏条件，再用经验的岩爆判据去判断，目前我们的研究还停留在这个水平上，还需要不断努力。

钱七虎：

搞掘进的人非常了解这个现象，周围没有岩爆，里面破裂了，有闷响。

何满潮：

这牵涉到能量的释放形式，里面响了也有一定的能量释放，表面破裂、塌方也是能量释放。岩爆动力学问题仅仅用静力学分析可能不全面。所有准则还是从静力学的破坏得出来的，还没有进入到用动力学理论分析动力学准则。但本次会议从钱老师开始讲，非常可喜的一个现象是大家已经试图用动力学理论去理解岩爆的实质。另外一个非常可喜的，也是这次会议的贡献，大家开始用一些抽象理论模型来分析，总是从相对真理到绝对真理逼近，总要有一个过程，贵在我们开始了这个征程，这很重要。

深部裂隙岩体岩爆定量预测模型

◎周小平　钱七虎

1. 引言

岩爆是高应力条件下地下岩体工程开挖过程中，因开挖卸载引起围岩内应力场重新分布，导致储存于硬脆性围岩中的弹性应变能突然释放，产生爆裂、松脱、剥离、弹射甚至抛掷等现象的一种动力失稳的地质灾害，岩爆具有突发性，在地下工程中对施工人员和施工设备的威胁最为严重。如果处理不当，就会给施工安全、岩体及建筑物的稳定带来很多困难，甚至造成重大的安全事故。

人们首次发现岩爆是 18 世纪 30 年代末英国锡矿岩爆，此后，在美国、苏联、中国、南非、瑞典等国家关于岩爆的记录不断地增多，据不完全统计，从 1949 年到 1985 年间，在我国的 32 个重要的煤矿中，至少发生过 1842 起煤爆和岩爆，发生地点一般在 200 ~ 1000m 深处的地质构造复杂、煤层突然变化、水平突然弯曲变成陡倾这样一些部位，我国水电工程的一些地下硐室中也曾发生过岩爆，地点大多位于高地应力地带的结晶岩和灰岩中，或位于河谷近地表处，在高地应力区开挖隧道，当岩层较为完整、坚硬时，也常发生岩爆现象。

关于岩爆的发生，由于其发生机理的复杂性，到目前为止对岩爆的形成条件及机理还没有形成统一的认识，学术界提出了若干假说，归纳起来，主要包括强度理论、能量理论、刚度理论以及冲击倾向理论等。有的学者认为岩爆是受剪破裂，也有的学者根据自己的观察和试验结果得出张破裂的结论。还有一种观点把岩爆的岩体破坏过程分为：劈裂成板条、剪断成块、块片弹射三个阶段式破坏。从国内外的规定和研究成果来看关于岩爆预测判据都是大同小异，主要包括应力判据、能量判据、岩芯判据、临界深度判据等。虽然岩爆现象的研究取得一定的进展，但世界范围内频繁发生的岩爆灾害，使我们不得不承认现有的研究成果还远没有从根本上解决岩爆预测及有效防治等问题。本文假设岩体含有节理和裂隙,首先计算裂隙尖端应力强度因子,并利用断裂准则判断裂隙的扩展,然后基于能量分析确定岩爆判据,最后建立深部裂隙岩体岩爆定量预测模型。

2. 非静水压力条件下围岩应力场

考虑岩石材料变形的非连续和非协调特点,在几何方程中采用应变不协调张量,认为变形后岩石材料内部为非欧几何空间,根据不协调量的演化方程,建立了非静水压力条件下的非欧几何模型,获得了卸载条件下深部圆形洞室围岩弹性应力场,其表达式可以表示为:

$$\begin{aligned}\sigma_r = {} & \frac{\sigma_v+\sigma_h}{2}\left(1-\frac{r_0^2}{r^2}\right)+\frac{\sigma_h-\sigma_v}{2}\left(1-4\frac{r_0^2}{r^2}+3\frac{r_0^4}{r^4}\right)\cos(2\theta) \\ & -\frac{E}{2\gamma^{3/2}(1-v)r}[AJ_1(\gamma^{1/2}r)+BN_1(\gamma^{1/2}r)+CK_1(\gamma^{1/2}r)] \\ & +\frac{E}{2(1-v)r\gamma^{\frac{3}{2}}}[A_1J_1(\gamma^{1/2}r)+B_1N_1(\gamma^{1/2}r)+C_1K_1(\gamma^{1/2}r)]\cos(2\theta) \\ & -\frac{3E}{(1-v)r^2\gamma^2}[A_1J_2(\gamma^{1/2}r)+B_1N_2(\gamma^{1/2}r)+C_1K_2(\gamma^{1/2}r)]\cos(2\theta)\end{aligned} \tag{1}$$

$$\begin{aligned}\sigma_\theta = {} & \frac{\sigma_v+\sigma_h}{2}\left(1+\frac{r_0^2}{r^2}\right)-\frac{\sigma_h-\sigma_v}{2}\left(1+3\frac{r_0^4}{r^4}\right)\cos(2\theta) \\ & -\frac{E}{2\gamma(1-v)}[AJ_0(\gamma^{1/2}r)+BN_0(\gamma^{1/2}r)-CK_0(\gamma^{1/2}r)] \\ & +\frac{E}{2\gamma^{3/2}(1-v)r}[AJ_1(\gamma^{1/2}r)+BN_1(\gamma^{1/2}r)+CK_1(\gamma^{1/2}r)] \\ & +\frac{E}{2(1-v)\gamma}[A_1J_0(r\sqrt{\gamma})+B_1N_0(r\sqrt{\gamma})+C_1K_0(r\sqrt{\gamma})]\cos(2\theta) \\ & -\frac{3E}{2r(1-v)\gamma^{3/2}}[A_1J_1(r\sqrt{\gamma})+B_1N_1(r\sqrt{\gamma})+C_1K_1(r\sqrt{\gamma})]\cos(2\theta) \\ & +\frac{3E}{r^2(1-v)\gamma^2}[A_1J_2(r\sqrt{\gamma})+B_1N_2(r\sqrt{\gamma})+C_1K_2(r\sqrt{\gamma})]\cos(2\theta)\end{aligned} \tag{2}$$

$$\tau_{r\theta}=\frac{\sigma_v-\sigma_h}{2}\left(1+2\frac{r_0^2}{r^2}-3\frac{r_0^4}{r^4}\right)\sin(2\theta)$$
$$+\frac{E}{r(1-v)\gamma^{\frac{3}{2}}}\left[A_1J_1(r\sqrt{\gamma})+B_1N_1(r\sqrt{\gamma})+C_1K_1(r\sqrt{\gamma})\right]\sin(2\theta) \tag{3}$$
$$-\frac{3E}{r^2(1-v)\gamma^2}\left[A_1J_2(r\sqrt{\gamma})+B_1N_2(r\sqrt{\gamma})+C_1K_2(r\sqrt{\gamma})\right]\sin(2\theta)$$

其中 $\gamma^2=\frac{E}{[4q(1-v)]}$；$E$ 为弹性模量；q 为可由实验确定的系数；v 为泊松比；

$$A=\left(\frac{C}{2}\right)\pi\sqrt{\gamma}r_0\left[K_0(\sqrt{\gamma}r_0)N_1(\sqrt{\gamma}r_0)-K_1(\sqrt{\gamma}r_0)N_0(\sqrt{\gamma}r_0)\right];$$

$$B=-\left(\frac{C}{2}\right)\pi\sqrt{\gamma}r_0\times\left[K_0(\sqrt{\gamma}r_0)J_1(\sqrt{\gamma}r_0)-K_1(\sqrt{\gamma}r_0)J_0(\sqrt{\gamma}r_0)\right];$$

$$A_1=\left(\frac{C_1}{2}\right)\pi\sqrt{\gamma}r_0\left[K_2(\sqrt{\gamma}r_0)N_3(\sqrt{\gamma}r_0)-K_3(\sqrt{\gamma}r_0)N_2(\sqrt{\gamma}r_0)\right];$$

$$B_1=-\left(\frac{C_1}{2}\right)\pi\sqrt{\gamma}r_0\left[K_2(\sqrt{\gamma}r_0)J_3(\sqrt{\gamma}r_0)-K_3(\sqrt{\gamma}r_0)J_2(\sqrt{\gamma}r_0)\right];$$

3. 围岩岩爆特征分析

周小平、Aliakbar 和 Golshani 等建立了裂隙演化过程和岩石损伤演化规律之间的关系。裂隙扩展前对应于岩石的弹性阶段，裂隙扩展阶段和次生裂纹稳定扩展阶段对应于岩石的非线性强化阶段，次生裂纹失稳扩展阶段对应于岩石的应变软化阶段。为此，将深部裂隙岩体岩爆的孕育过程分为三个阶段：裂隙扩展阶段、次生裂纹稳定扩展阶段和次生裂纹失稳扩展、连接并汇合成宏观裂隙阶段。

3.1 破裂区出现的条件

如图 1 所示，假设有一组裂纹分布于地下硐室围岩，裂隙初始长度为 $2a$，裂纹倾角为 α，裂纹间距为 $2d$，地下硐室半径为 r_0，垂直方向地应力为 σ_v，水平方向地应力为 σ_h，次生裂纹扩展长度为 l，岩石的断裂韧度为 K_{IC}。地下硐室开挖后，裂隙将发生扩展，岩体将发生非连续和非协调变形，传统的弹塑性理论获得的应力场不再适用于此时岩体的非连续和非协调变形。非欧几何模型的优点是能准确地分析裂隙扩展后的深部围岩应力场。

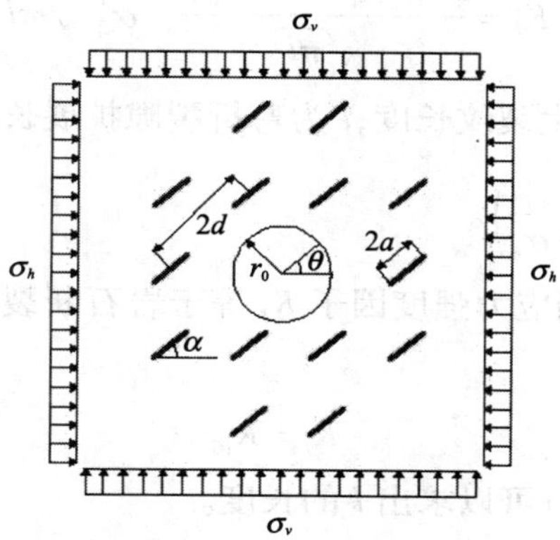

图1　含初始原生裂隙围岩体力学模型

根据非欧几何理论,深部围岩的主应力可以准确地表示为:

$$\begin{cases}\sigma'_1=\dfrac{\sigma_r+\sigma_\theta}{2}+\dfrac{1}{2}\sqrt{(\sigma_r-\sigma_\theta)^2+4\tau_{r\theta}^2}\\ \sigma'_2=\dfrac{\sigma_r+\sigma_\theta}{2}-\dfrac{1}{2}\sqrt{(\sigma_r-\sigma_\theta)^2+4\tau_{r\theta}^2}\end{cases}\tag{4}$$

忽略初始应力分布随裂隙扩展变化的影响,则在围岩中距圆形巷道中心为 r 的裂隙表面所受的应力可以表示为:

$$\begin{cases}\sigma_n=\sigma_r\sin^2(\theta-\alpha)+\sigma_\varphi\cos^2(\theta-\alpha)+\tau_{r\theta}\sin(\theta-\alpha)\cos(\theta-\alpha)\\ \tau_n=(\sigma_\varphi-\sigma_r)\sin(\theta-\alpha)\cos(\theta-\alpha)-\tau_{r\theta}\cos^2(\theta-\alpha)\end{cases}\tag{5}$$

如果裂隙表面满足 Mohr－Coulomb 准则,裂隙发生摩擦滑动的有效剪应力为:

$$\tau_{eff}=|\tau_n|-\mu\sigma_n\tag{6}$$

式中,μ 为裂隙表面摩擦系数。

原生裂隙启裂并出现次生裂纹的临界条件为:

$$(|\tau_n|-\mu\sigma_n)\sqrt{\pi a}=\frac{\sqrt{3}}{2}K_{IC}\tag{7}$$

次生裂纹尖端的 I 型应力强度因子可以表示为

$$K_I = \frac{F\cos(\theta - \alpha - \alpha_0)}{\sqrt{\pi l}} - \sigma_2' \sqrt{\pi l} \tag{8}$$

式中，$F = 2a\tau_{eff}$；a 为原生裂纹长度；l 为弯折裂隙扩展长度；最大主应力和 σ_θ 的夹角为 $\alpha_0 = \arctan\left(\frac{2\tau_{r\theta}}{\sigma_r - \sigma_\theta}\right)$。

当即次生裂纹尖端应力强度因子 K_I 等于岩石断裂韧度 K_{IC} 时，次生裂纹将发生弯折扩展，即

$$K_I = K_{IC} \tag{9}$$

根据式(8)和式(9)可以求出 l 的长度。

次生裂纹汇合成宏观裂隙并出现破裂区的条件为：

$$l = d \tag{10}$$

式中，d 为裂纹之间的间距。

3.2 基于能量分析的岩爆判据

原生裂隙摩擦滑动的位移为：

$$b = \frac{\pi a \tau_{eff}(1 - v^2)}{E} \tag{11}$$

如果发生摩擦滑动的裂隙密度为 ω_1，则原生裂隙滑移所耗散的总能量密度可以表示为：

$$\chi_{f1} = 2\omega_1 a \tau_{eff} b \tag{12}$$

如果发生弯折扩展的次生裂纹密度为 ω_2，则次生裂纹发生弯折扩展所耗散的总能量密度可以表示为：

$$\xi_1(l) = \frac{\omega_2(\kappa + 1)(1 + v)}{2E}\int_0^l \left\{\left[\frac{F\cos(\theta - \alpha - \alpha_0)}{\sqrt{\pi l}} - \sigma'_2 \sqrt{\pi l}\right]\right\}^2 \mathrm{d}l \tag{13}$$

忽略裂隙扩展过程热量损失，总耗散能可以表示为摩擦滑移耗散能与弯折扩展耗散能之和。

$$U_1 = \chi_{f1} + \xi_1(l) \tag{14}$$

岩体储存的弹性应变能为：

$$U_e = \frac{1}{2}\sigma_{ij}\varepsilon_{ij} \tag{15}$$

将胡克定律代入式(15)可得岩体储存的弹性应变能为：

$$U_e = \frac{1-v^2}{2E}(\sigma_r^2+\sigma_\varphi^2) - \frac{v(1+v)}{E}\sigma_r\sigma_\varphi + \frac{1+v}{E}\tau_{r\theta}^2 \tag{16}$$

岩爆判据为：

$$\begin{cases} l = d \\ U_1 < U_e \end{cases} \tag{17}$$

岩爆产生的动能

$$W = U_e - U_1 \geqslant 0 \tag{18}$$

利用式(10)可以确定破裂区的位置和范围。根据破裂区的位置和范围并结合式(18)可以确定发生岩爆的岩体面积 A。

岩石碎块的弹射速度为：

$$V = \sqrt{2W/\rho} \tag{19}$$

4. 算例与分析

4.1 裂隙倾角对岩爆的影响

计算参数为：弹性模量 $E=25\text{GPa}$，泊松比 $\nu=0.15$，裂隙表面摩擦系数 $\mu=0.38$，竖向地应力 $\sigma_v=30\text{MPa}$，水平地应力 $\sigma_h=10\text{MPa}$，岩石断裂韧度 $K_{IC}=1\text{MPa}\cdot\text{m}^{1/2}$，原生裂隙长度 $a=0.006\text{m}$，裂隙间距 $d=0.3\text{m}$，非欧几何参数 $C=2150000$，$C_1=4950000$，$q=2.05\times10^8$，硐室半径 $r=7\text{m}$。

图2表明：岩爆位置随裂隙倾角变化而变化。图3表明：岩爆面积随裂隙倾角变化而变化，且裂隙倾角为45°或135°时岩爆的面积最小。

4.2 裂隙间距对岩爆的影响

计算参数为：弹性模量 $E=25\text{GPa}$，泊松比 $\nu=0.15$，裂隙倾角 $\alpha=60°$，裂隙表面摩擦系数 $\mu=0.38$，竖向地应力 $\sigma_v=30\text{MPa}$，水平地应力 $\sigma_h=10\text{MPa}$，岩石断裂韧度 $K_{IC}=1\text{MPa}\cdot\text{m}^{1/2}$，原生裂隙长度 $a=0.006\text{m}$，非欧几何参数 $C=2150000$，$C_1=4950000$，$q=2.05\times10^8$，硐室半径 $r_0=7\text{m}$。

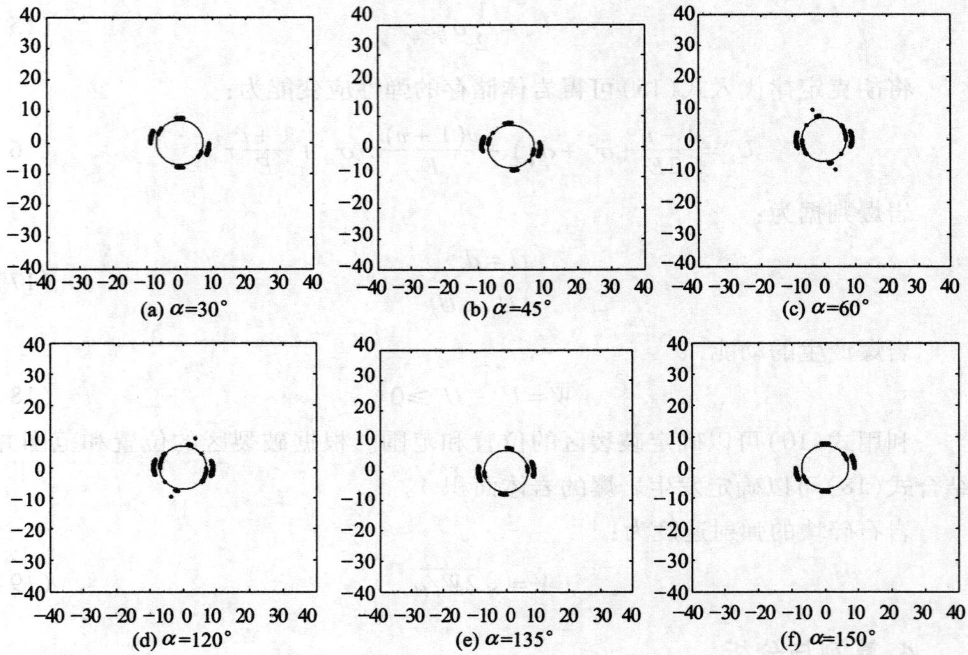

图 2　岩爆位置随裂隙倾角的变化规律

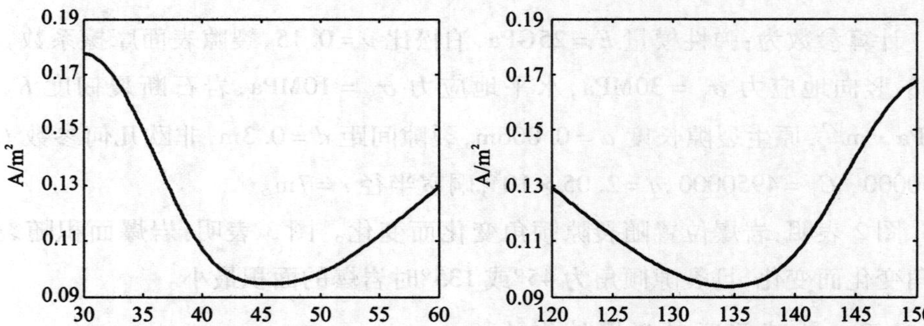

图 3　岩爆面积随裂隙倾角的变化规律

图 4 表明：岩爆位置随裂隙间距变化而变化。图 5 表明：岩爆面积随裂隙间距增大而减小。

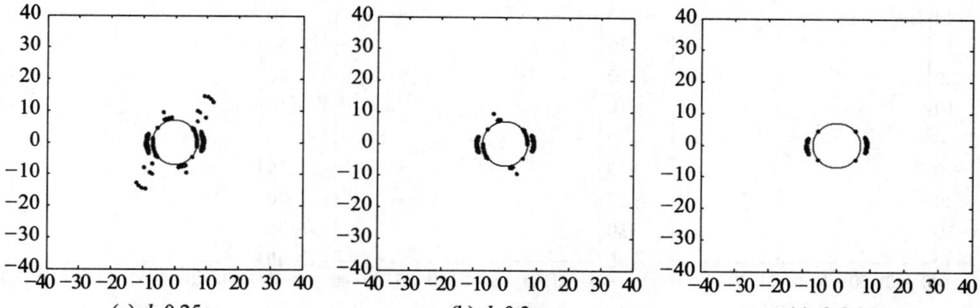

(a) d=0.25m　　(b) d=0.3m　　(c) d=0.35m

图 4　岩爆位置随裂隙间距的变化规律

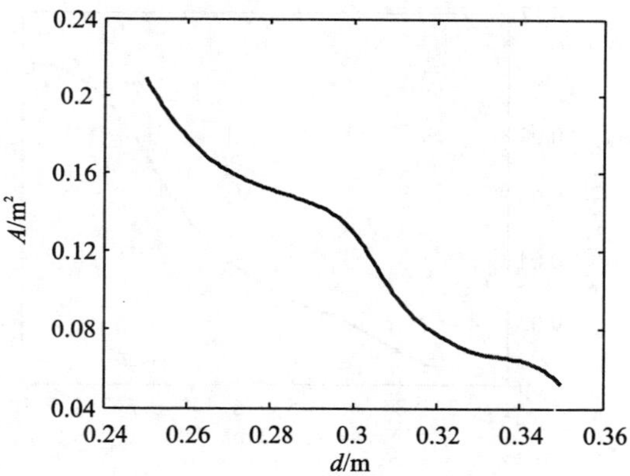

图 5　岩爆面积随裂隙间距的变化规律

4.3　原生裂隙长度对岩爆的影响

弹性模量 $E=25\text{GPa}$,泊松比 $\nu=0.2$,裂纹倾角 $\alpha=30°$,裂隙表面摩擦系数 $\mu=0.2$,竖向地应力 $\sigma_v=30\text{MPa}$,水平地应力 $\sigma_h=10\text{MPa}$,岩石断裂韧度 $K_{IC}=1\text{MPa}\cdot\text{m}^{1/2}$,裂隙间距 $d=0.6\text{m}$,非欧几何参数 $C=1862000$, $C_1=1862000$,$q=3.2\times10^8$,硐室半径 $r_0=7\text{m}$。

图 6 表明:岩爆位置随原生裂隙长度的变化而变化。图 7 表明:岩爆面积随原生裂隙长度的增加而增加。

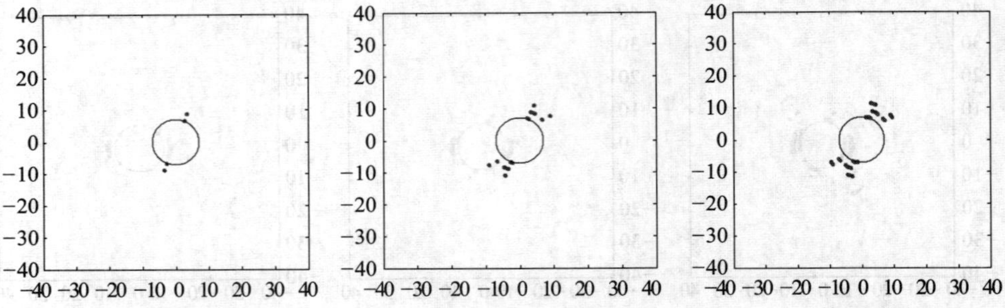

图 6　岩爆位置随原生裂隙长度的变化规律

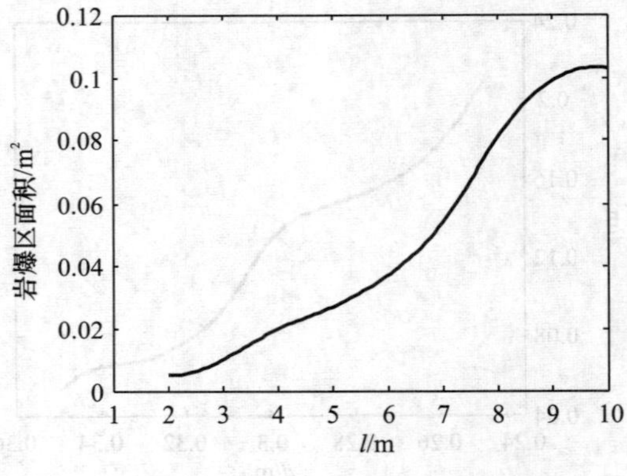

图 7　岩爆面积随原生裂隙长度的变化规律

5. 结论

将岩体视为含初始原生裂隙的缺陷体。当裂纹扩展消耗的能量较小，破裂区岩体储存的弹性应变能大于原生裂隙和次生裂纹扩展消耗的总能量时，剩余的弹性应变能会突然释放，产生岩爆。根据宏观裂隙出现的条件和次生裂纹扩展过程的耗散能小于岩体储存的弹性应变能的条件，建立了岩爆的判据。数值计算表明：

（1）岩爆位置随原生裂隙倾角、长度和间距的变化而变化。

（2）岩爆面积随裂隙倾角变化而变化，且裂隙倾角为 45°或 135°时岩爆的面积最小。

(3)岩爆面积随裂隙间距增大而减小,岩爆面积随原生裂隙的长度增加而增加。

谭云亮:

围岩里交叉角度不一样,在你计算中能否考虑到?

周小平:

可以考虑到。

钱七虎:

预测可以,一维很简单,二维由微裂纹简评报告过了,现在是非均匀岩体,但裂隙是均匀分布一组的监测结果,如果你们认为两组原理一样,就是算它的变形能、破坏能,怎么破坏的算出来,然后把岩爆区域划出来,把岩爆能量预告一下,都可以做出来,但这都是理想情况。有些不理想,比如一个结构面,应力计算复杂一点。周小平讲的观点是岩爆可以预测的,但预测有条件,地应力要知道,应力应变缺陷要知道,断裂度要知道,原来裂隙分布要知道,或者微裂纹,因为重要国防工程没有裂隙,但是肯定有微裂纹,要做显微分析和微裂纹的分布,不同的情况都可以预测岩爆。供姜教授预警时作为基础。

周小平:

我们公式里有参数,包括摩擦时有多少裂纹密度,扩展时有多少裂纹密度。

汤　雷:

引水隧洞也发生岩爆,工人不敢进去掘进,但是片麻岩比较完整,后来采用爆破预裂方法,爆破时打上深孔,增加裂缝以后反而不岩爆了。

钱七虎：

应力水平降低了。

汤　雷：

那个地方本身就有裂缝了，发生岩爆可能性是降低了。

钱七虎：

当应力水平还是高的话，还有岩爆。是两个概念。

姜福兴：

最近我们做了高精度预测，能够测到，有些断层是聚能的，会诱发岩爆，有些断层是限能的，无法发生岩爆。

钱七虎：

断层本来是把应力水平降低，断层里是应力水平是低的，离开断层那个地方一定距离应力还是维持原来水平，工程实践里，碰到断层过了以后还可能岩爆，断层的地方不会岩爆。

窦林名：

有的断层进去以后应力没有、变形也没有，有的断层快接近的时候岩爆了。

钱七虎：

工程有具体断层分布，很复杂。

窦林名：

断层太复杂了，断层形成年代很早，后来地壳运动以后那个地方又形成了，怎么知道挤压没挤压？后面运动很难说，只能通过监测。

钱七虎：

监测，反演，测几个地应力，不能把这个区域地应力都知道，反演的问题就很复杂了，要了解边界条件、地质构造历史、地形，然后做反演。我想最终都是需要我们研究的，一步一步来。

何满潮：

关于应力场的问题，现在的现状是点的测量，找几个点测一测。这种做法，在重大项目做的过程中有所改进。目前的做法是，首先进行构造应力场的复合分析。在地质历史中，在过去发生的历史事件，造山运动产生的结果是向斜、背斜，包括断层，断层里面包括压、张等，这些都是一定构造应力场造成的。某个方向为主体的构造应力场都可能产生一系列的构造行迹，这个构造行迹恰恰就是构造体系，这个构造体系可以反过来反演原来应力场是什么状态。

在过去50多亿年里要产生多次应力场的变化，后来应力场要对前面应力场产生的行迹进行改造，这就是构造应力场的复合和联合。如果在后面产生的，就要复合，如果有两个应力场同时产生，这时候就是联合应力场的作用。我原来没有见过，这次地震以后到芙蓉矿区，发现了一个联合应力场。一般情况下是一个水平方向应力大于垂直应力，由一个主要应力场起作用。而芙蓉却是两个方向水平应力都比垂直应力高，实际就构造应力场。后面对前面进行改造，有一套复杂的构造应力场复合分析和联合分析，最后知道这个地方什么时候受到某一个方向应力场的作用，或者某两个应力场的作用，哪一个在前，哪一个在后，这是能够做出来的。后面构造行迹要改造前面的构造行迹，后面产生的结构面都是压性面，要把前面切断，这个代表性就在后面。

经过多次构造应力场以后，到底现在应力场是哪一个在起作用。地质学上有一个定义叫晚近时期，由于力学上的松弛作用，几亿年、几十亿年的松弛，最早的那个影响比较轻微，最近的那个基本代表了现今应力场的主体方向。基于这个判断，我们按照晚近时期的应力场选择应力测量点，测出来的方向基本和总体分析的方向一致，它的方向大小都知道了，就能真正做到一个场的分析。如果能够做到这一点，对我们分析岩爆有很大好处。

冲击地压发生机理的再认识

◎齐庆新　李宏艳

提到冲击地压(也称为岩爆,其实与岩爆不同)问题,我国已有七八十年的历史。尤其最近30年来,我国冲击地压矿井数量从1985年的32个发展到现在的130多个,20个省(市、自治区)都有冲击地压发生的记录(据2009年中国煤炭工业协会的调研报告)。冲击地压已成为我国煤矿开采中的主要灾害之一。冲击地压作为岩石力学中的疑难问题之一,50余年来一直是人们的热点研究问题,受到广大岩石力学工作者的关注。

针对实际工程认识冲击地压问题,我们认为应该关心的问题主要有三点:①冲击地压造成了什么样的“破坏”?或者说冲击地压到底是什么现象?②为什么引起这样的“破坏”?③采用什么样的技术措施能够控制“破坏”的发生?

我们这里用到的是“破坏”,并且对三个阶段都是对破坏的描述、认识和治理。冲击地压就是一种破坏,对我们煤矿来说不构成破坏,或者从采动空间上没有看到破坏的一定不是冲击地压,尽管从震动、能量很多方面和冲击地压差不多,但是没有表现形式,我们一定不认为是冲击地压。

下面结合具体工程中的冲击地压问题加以论述。

1. 工程中的冲击地压实例,即造成了什么样的“破坏”

新疆某煤矿+642m水平(地面标高+797m)43#煤层综采面于2011年3月24日发生了煤岩动力灾害。开采煤层厚度21m(含若干层夹矸,煤层真厚度为14.1m),倾角43°~51°,工作面水平布置。事故发生时,工作面推出距开切眼165m,+620m水平43#煤层工作面正在开采(炮采)。冲击地压是发生在工作面放炮(松动顶煤)后,产生巨大响声,底板侧煤体抛出并伴随有强风压出,工作面第10号至13号支架立柱被采煤机齿轨、前探梁护帮板、底座行人踏板等设备强力撞击后弯曲和破断,刮板输送机机尾部分被掀翻,冲击至架前(图1),采煤机滚筒受强烈外力作用,严重变形(图2)。

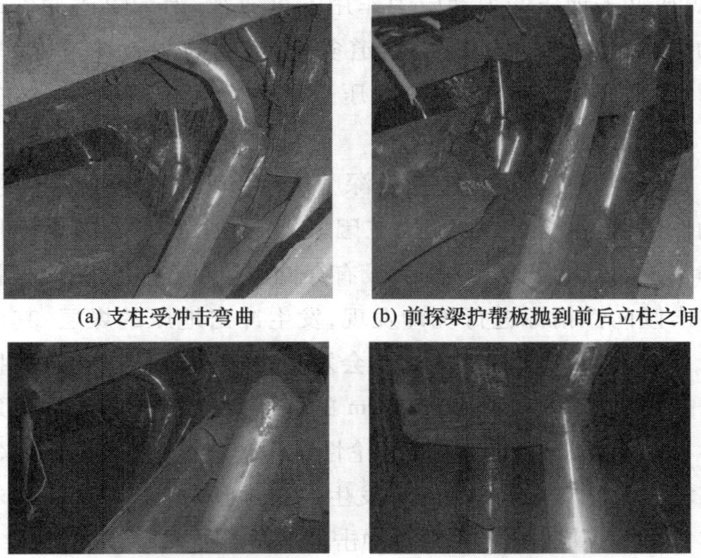

(a) 支柱受冲击弯曲　(b) 前探梁护帮板抛到前后立柱之间

(c) 支架立柱受撞击折断　(d) 支架立柱受撞击折断

图1　支架变形损坏情况

图2　滚筒变形情况

上述工程中的“破坏”是冲击地压吗?对于实际工程而言,我们应首先确定这种工程破坏是不是冲击地压,即我们如何认识冲击地压。应该肯定,这个工程实例中的破坏是冲击地压现象,但与已往冲击地压在发生机理上又有所不同。煤矿的冲击地压一定是破坏且是突然的,是作业空间条件下的煤岩层结构破坏,是对生产或工程造成影响的冲击破坏。因为煤矿特点非常清楚,发生冲击地压的条件不是一个整体,比如煤矿三硬条件,煤一定要相对较硬,顶板底板要相对较硬,有储能条件。同时,煤层中往往存在一个“软层”结构，这个软层结构通常十几、二十厘米，几乎没有什么强度。煤矿冲击地压还有层状特点，这是煤炭在形成过程中的必然结果。当然，煤矿冲击地压的采动应力作用不可忽视，因为煤矿冲击地压核心特点在于采动的不断影响，可能有的巷道多次采动，同时破坏范围非常大，有的200m、300m，甚至500m。一次冲击地压造成这么大范围的巷道破坏，危害性很大。

过去一直认为冲击地压发生初始深度接近400m，这也是统计的规律，同时表明采深的作用，也符合冲击地压“三因素”机理中的应力因素作用条件。采深的影响非常重要，因为没有采深就没有存储能量的条件。我们根据全国六七十个煤矿冲击倾向性指标进行统计发现，发生冲击地压的煤层，其单轴抗压强度通常大于14MPa，而小于7MPa的不会发生冲击地压。这一点根据实际埋深也能反过来推算出来，即埋深小于280m的煤层一般不会发生冲击地压。这是已被广大学者和工程实践所认同的结论性认识。但是，最近10年来，我国已有几个煤矿在埋深小于280m的条件下发生冲击地压灾害，这和原来对冲击地压的理解有非常大的不同，需要我们对冲击地压进行重新认识。

如图1和图2所示，在埋深150m这么浅的条件下，基于过去对冲击地压的认识是不会发生冲击地压的，应该不是冲击地压，但是这个条件下的确发生了冲击破坏和动态破坏，造成了巷道破坏、支护体的破坏和设备的瞬时移动与破坏。我们认为造成这样的破坏应该是动载为主作用下引起的冲击破坏，是冲击地压。同时，从工程实践可以看到，支柱发生了一定弯曲，并且弯曲相对冲击地压是缓慢的过程，所以一定也会有静载作用，即静载作用下引起支架弯曲变形与破坏。

2. 发生冲击地压的机理即为什么引起这样的“破坏”

对于冲击地压来说，其发生机理的理论很多，刚度、强度、变形系统失稳理论、冲击倾向性理论等。在研究过程中，我们提出了“三因素”机理，即第一个因素是冲击倾向性，即煤或岩石固有的冲击破坏的性质和能力，是内在的性质。我们结合国内的研究成果，提出了冲击倾向性因素的具体指标，且这些指标可量化，具体包括DT、WET、KE、RC等（“冲击地压测定、监测与防治方法”国家标准,GB/T 25217.1－2010);第二个因素是结构因素,也是煤岩体的内在的东西,是煤岩体结构性质,煤层在形成过程中的东西一定是层状的结构,即前面提到的"软层"结构或"三硬"结构,或煤层变薄带、断层、褶皱等地质构造。这个因素不可量化;第三个因素是应力因素,是外在因素,可量化,可实测,具体来说就是煤岩体中的原岩应力和采动应力之和,这个因素是影响冲击地压是否发生的外在因素,是与采矿活动密切相关的,这也正符合冲击地压受采掘影响的特点。

综合分析各种冲击地压发生机理的描述,其中最核心的必要条件就是应力条件或应力因素,因为它是能量储存与释放的内在本质的东西。通常条件下(埋深大于400m)的冲击地压,应力条件往往是具备的,即按 γh 计算,煤体自重应力不小于10MPa,这其中还没有考虑构造应力。如果是埋深1000m,自重应力将达到25MPa。通常条件下的冲击地压,比较严重的冲击地压发生在工作面回采过程中,即自重应力和采动应力叠加作用的结果。无论是自重应力还是采动应力,均是作用在煤岩体上的载荷。但是,载荷的作用形式对冲击地压的发生是有显著影响的,即可划分为动载作用下的冲击地压和静载作用下的冲击地压。这一点我们可以从实验室煤岩物理力学性质试验中得到启示。煤岩标准试块(Φ50mm×100mm)在单轴压缩试验中,在静载的条件下表现出的破坏与冲击载荷(动载)条件下的破坏会呈现出不同的破坏形式和现象。静载作用下的破坏往往表现为稳定的破坏,而冲击载荷作用下的破坏通常表现为突然、猛烈的破坏且出现弹射或抛射现象。由此我们可以对回采过程中(或者已开挖的隧道)冲击地压划分为静载和动载作用两种形式,即浅部发生的冲击地压通常是动载作用为主,可称为动载冲击地压,而深部的冲击地压或通常意义上的冲击地压则以静载为主,可称为静载冲击地压。

通常的冲击地压往往是静载条件下的冲击地压,当然,不是完全的静载作用,也会有动载的成分,只不过静载的作用远大于动载作用而已。静载条件下的冲击地压,也一定是动态破坏形式,否则,就是通常的缓慢破坏。事实上,静载冲击地压非常复杂,动载冲击地压相对简单。而浅部冲击地压,往往是动载作用下弹性变形能的突然释放,动载占主导地位。

对于岩爆来说,通常以静载作用为主,静载作用转化成动能体现为最终的岩爆,或者岩体深部的"岩爆",或者岩体浅部表面破坏的岩爆,即无破坏形式的岩爆和有破坏形式的岩爆。

3. 冲击地压防治方法,即采用什么样的技术措施能够控制“破坏”的发生

对于冲击地压而言,既然对这种现象进行研究,弄清了它的机理,就一定能够防治,只不过防治过程中要考虑到技术经济可行性。

对于浅部冲击地压,或者动载冲击地压,避免形成动载,控制了这一点,就能够有效防止冲击地压的发生。前述某煤矿由于底板岩层在采动影响下发生断裂导致在它之上这层煤发生冲击破坏。当然,避免形成动载在实际煤矿开采中容易做到,但控制顶板岩层断裂几乎是不可能的,但可能控制顶板断裂发生在采空区。这种发生在采空区顶板断裂破坏可能导致矿震,一般矿震应该没有太多灾害性,所以通常不去控制它。对于浅部冲击地压的控制,核心在于控制顶板大面积的断裂形成的动载,在开采方法、开采程序工艺和顶板控制上做文章,浅部冲击地压是完全可以控制的。

对于深部冲击地压,或者静载冲击地压,由于受煤岩体结构因素、冲击倾向性因素和应力因素等多因素影响,加上地质构造,控制相对较难。具体防治方法可针对具体条件采取必要的措施,或卸载,或加强支护,或转移应力,或其他。限于篇幅,不再赘述。

对于冲击地压,开展动载、静载或二者耦合作用下的研究工作对实际工程具有重要意义,尤其是对煤岩体动静载耦合作用的相关研究,如本构关系、响应等。相信今后在这方面将是一个研究热点。

钱七虎:

我基本同意你的观点,但稍微修正一点。浅部、深部的划分,有了这个碰撞以后,自己升华了。我们的岩爆或冲击地压分成两类:第一类是新开挖的巷道,这类巷道是由于强压缩岩体的卸载引起的破坏的岩爆;第二类是已开挖的隧道和浅部的,这类隧道不一定强压缩,它是浅部的,地应力水平不高,但是一开挖,岩体周围破坏了,稳定了,没事,支护住了,但是有一个动载作用,可能是爆破,可能是矿震,或者顶板断裂,动的作用引起的失稳,这不是破坏,当然破坏也有,原来破坏了,但没有破坏完全。浅部地应力不高,怎么产生冲击地压?我考虑是矿震引起的，顶板断裂、底板鼓起，由煤矿垮塌引起动的作用，引起的失稳，属于两类的岩爆。

原来我看资料时，有专门一个程序，讲失稳的破坏，滑移，也是用到岩爆里，原来有两类岩爆，或者你们讲那一类岩爆叫做冲击地压。是否这样解释和齐教授能一致？深部也可能引起动载作用为主的岩爆，那一类是开挖引起的破裂，两类问题，两类分析方法。王学滨、周小平分析的是前一类岩爆，这一类岩爆危害更大，为什么几十米、几百米冲击地压，因为已经开挖的巷道，几十米都处于准稳定状态，然后一个突然因素加载进来以后，几百米失稳。都开挖了，支护不可能很强，都要经济性，所以在准稳定状态，一个爆炸，失稳了。现在搞通了，两个联系起来了。

姜耀东：

对煤矿来讲，我们认为不是很大，一般不研究它，重点研究后面这一类。

潘一山：

王学滨和周小平的方法完全可以用在第二类上面，是一样的。如果现在这个模型能小一点的话，完全可以扩大大巷道空间内更复杂的结构当中。

王明洋：

第一类，因为获得了高的应变能，产生介质的破坏，这是一类岩爆。另外一种是开挖以后破坏了，实际上都是结构体，一种是破坏成块体，一种是潜在局部的亚破坏。在动载作用下，在动荷作用下结构面弱化，或者叫应力状态的改变，静水压力，动摩擦系数要变化，就弱化，然后改变准平衡状态，不稳定的平衡状态，这样就使它产生的运动，还是有残余能量的，带进来，作为一个动能。这是一种失稳破坏，这种破坏可能把巷道里面也破坏，是连锁反应。

钱七虎：

除了新开挖的和老开挖的，还有一类中间状态，新开挖的应力状态转移过来,又引起了新的压缩。

唐春安:

这种情况不一定在深部,为什么浅部也有?肯定是应力。应力是哪来的?旁边有作业,这个作业不一定造成爆炸,而是开挖中间形成应力转移,所以这个应力逐渐升高。

方祖烈:

深部是以静力为主,我不认同。我认为深部总体来看还是以动的为主,成分更多一点。

从成岩温压条件及大地构造单元看岩爆发生及分级界限表达

◎尚彦军

参加本次讨论会,主要是想从地质角度谈一点想法。我这两年也在关注地应力,如图 1 是对来自 13 个国家和地区的 1170 组实测地应力数据对比结果,图 1(a)是变质岩(Met),图 1(b)是火成岩(Ig),图 1(c)是沉积岩(Sed)。正方形表示最大水平主应力 SH(σ_H),叉形是最小水平主应力 Sh(σ_h),三角形是垂直主应力 Sv(σ_v)。较大的深部主要是来自油田的资料,主要是沉积岩[图 1(c)中纵坐标表示的深度最大刻度值达 5500m]。

国内外 24 例发生过岩爆的工程,数据投影到顶点分别是变质岩,侵入岩和沉积岩的三角图上(图 2)。结果发现:变质岩大多集中在高级变质岩中,侵入岩好多都是深成岩。这里有来自煤矿的,都处于沉积岩中,比如石灰岩、页岩,相对来说比较深的沉积岩里有,但岩爆比例较少,这涉及上午专家和老师争论的冲击地压和岩爆的关系问题。

一说断层,大家认为此断层和彼断层不一样,同样煤和气都是在沉积盆地里,而西南高山峡谷区隧道工程处于造山带中,这是两种不同的大地构造单元。煤矿冲击地压发生在大的沉积盆地情况下,多数情况下总体是拉伸的,成层性好,岩体以层状结构为主,是在拉张导致的凹陷背景下接受沉积,然后固结成岩,少部分地区后期抬升。造山带是总体挤压隆升,伴随岩浆侵入和变质作用,在后期遭受强烈卸载剥蚀,岩体多为块状结构。沉积盆地和造山带是拉张下降沉积和挤压隆升剥蚀特色截然不同的两种大地构造单元。力学上首先应以不同的地质模型为基础。一些岩爆数据深度和最大地应力的梯度关系也如是反应。图 3 中包括火成岩,变质岩,沉积岩,连线的两个数值为来自同一个隧道工程或钻孔中不同深度或位置的点,变质岩随深度变化最大,而沉积岩变化不大。

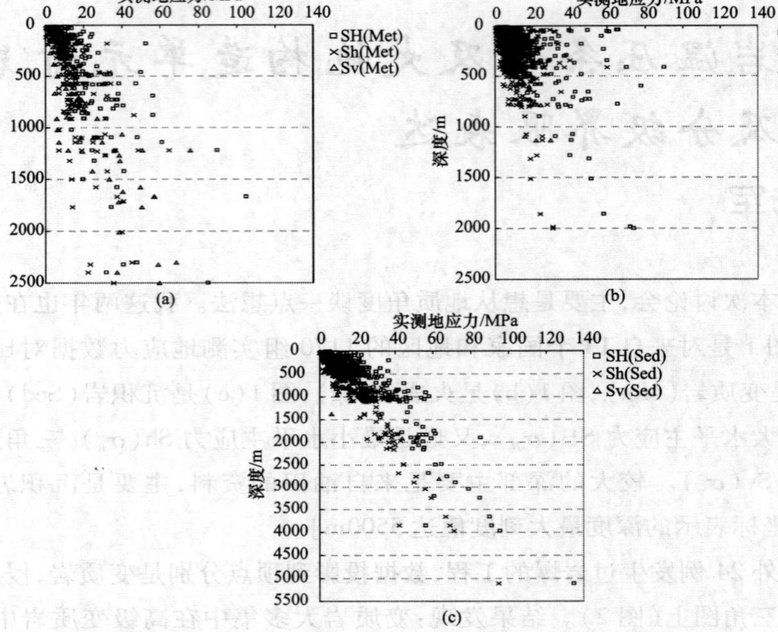

图 1　火成岩、变质岩和沉积岩中实测地应力随深度变化结果

(a)变质岩；(b)火成岩；(c)沉积岩

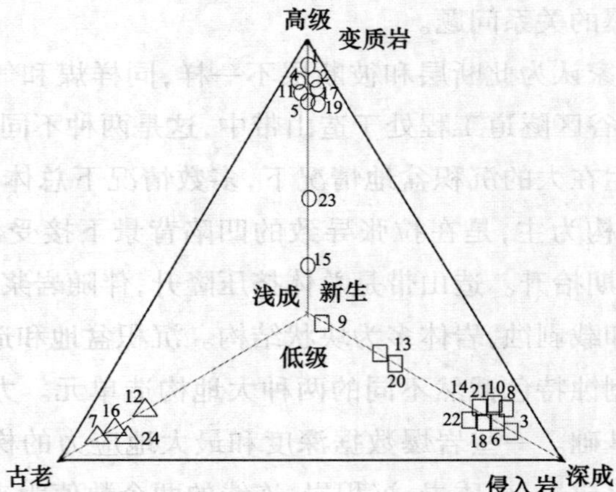

图 2　岩爆多发生在高级变质岩、深成侵入岩及古老沉积岩中

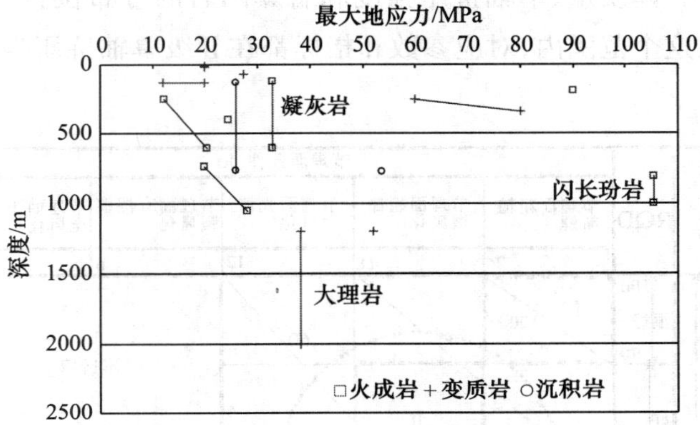

图 3　部分有岩爆地下工程最大主应力与深度关系随岩性而不同

实际上变质岩和侵入岩当时形成时温压条件很高，变质岩从低级到中级到高级，大理岩、混合岩都是变质岩，花岗岩是侵入岩。它们形成时温压条件绝对不是现在两三千米深度工程范围内可以涵盖的，应该比现在大得多，而煤如果是在老的沉积岩中，经过长期固结成岩作用，必然经历了一定的温压作用，但是多为沉积盆地，不如造山带挤压作用那样强烈。上午钱院士提的强压缩围岩，就是这套变质岩、火成岩，虽然距地表两三千米，但是遭受过强压缩，现在是原来的成岩和构造地应力保存下来了。

今年上半年我计算了大亚湾和三峡的船闸花岗岩的剥蚀厚度，分别采用了弹性力学和静水压力平衡方法。结果是由广义虎克定律出发，结合垂向卸载后地下某处水平应变为零的假设，推导出花岗岩体剥蚀厚度计算公式 $h_{01弹}=2250+0.75H$，结果接近目前为止认识到的剥蚀厚度的上限值。结果是，大亚湾燕山期花岗岩剥蚀厚度是 1500～3000m，三峡是 1700～3200m。为什么选这两点？因为资料比较多、工程比较重要。这两点上都有地质上的裂变径迹法测试结果，对比发现它们吻合很好。这说明了花岗岩体形成后到现在的上覆盖层剥蚀厚度相对于现在一般工程埋深来说，还是比较大的，即在这两个地点大约 2km 厚的上覆层被剥蚀掉了。

图 4 是根据 2011 年张镜剑老师等在中国岩石力学与工程学会（CSRM）动态里发表论文中所提的弱岩爆、中岩爆到强岩爆的五个指标判别法，在同一张

图里表示出了岩体质量、单轴抗压强度和岩爆围岩的分布位置。从资料来看，岩爆大部分在这个范围内，对应参数和指标都在Ⅱ级单轴抗压强度大于60MPa围岩中。

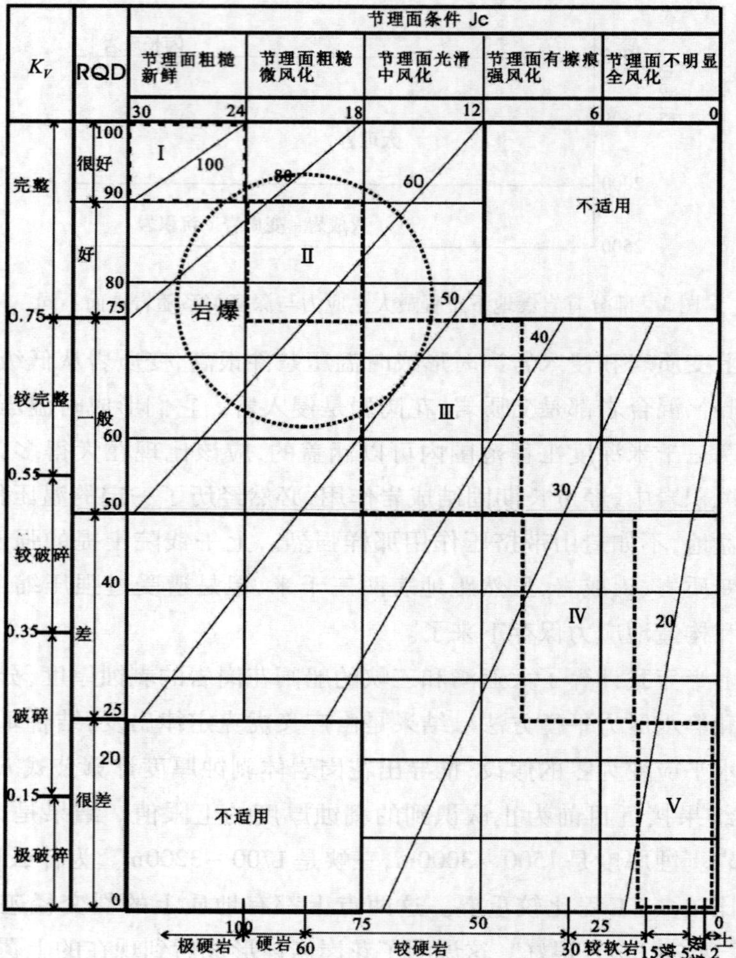

图4　岩爆多发生在抗压强度大于60MPa的Ⅱ类围岩中

在前面工作基础上，可以根据有限的数据粗略拟合出3条界限曲线，从无岩爆、弱岩爆、中岩爆到强岩爆，可以有几个界限判别函数（图5）。在此近于手画出来的基础上，结合更多测试数据能否有一个更简单的函数？这个结果是非常初步的，把切向应力 σ_θ 与单轴抗压强度 σ_c 的比值作为一个参数，岩体完整性系数 K_v 作为另一个参数，进行了简单的拟合分析。总体来看，岩爆级别划分界限在这两种主要变量之间是存在一定相关性比较好的函数关系的。

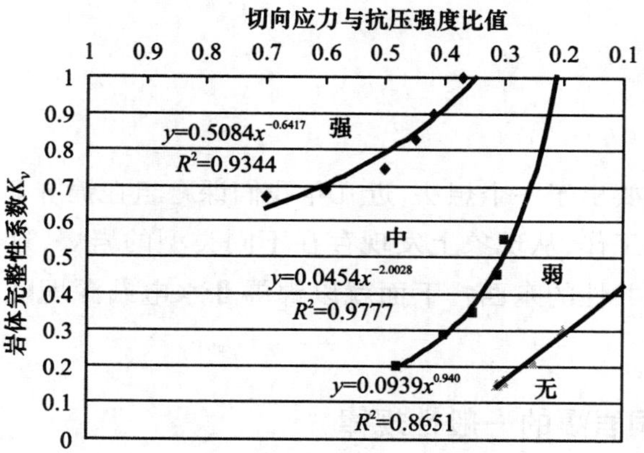

图 5　初步拟合出的岩爆所分 4 级中的 3 条界限函数曲线

深埋隧洞围岩破裂结构特征及其与岩爆的关系

◎周 辉

我的发言主要出于一个想法,近几年我们课题组在锦屏Ⅱ水电站做了一些深埋隧洞岩爆的工作,从现象上发现存在不同类型的岩爆,这些不同类型的岩爆是不是有一些共性的东西?下面就以锦屏Ⅱ水电站深埋隧洞为背景进行一些探讨。

1. 深埋隧洞岩爆的一般性规律

深埋隧洞岩爆有一定的特殊性。一是发生频率高,比如锦屏Ⅱ水电站隧洞,局部深埋洞段的岩爆最高发生频率平均接近1次/3米;二是相对危害性大,对深埋线性工程,掌子面空间比较小,人员和机械设备集中,一旦发生岩爆,可供避让的空间小,极易造成重大的人员伤亡和设备损坏。

深埋隧洞岩爆在宏观上有一定的规律性:

1)"有结构面有岩爆,有水无岩爆",但这一规律存在比较明显的相对性。

2)"应力异常区易发生岩爆(向/背斜核部较多)",同样也存在很大的随机性。

3)工程实际所遇到的大多数岩爆都存在时滞性特征,表象地和通俗地说,是指很多岩爆不是随开挖即时发生,而是会滞后开挖一段时间和一段距离才发生。时滞性岩爆通常具有较强的随机性、突发性,发生前无明显征兆,且滞后发生时间与岩爆强度之间无明显规律。

可见,岩爆的影响因素众多,各影响因素的作用机制复杂;虽有一些规律,但随机性很强。寻求和探究深埋隧洞岩爆形成的共性机制,对于正确认知岩爆的复杂物理过程,以及建立相应的预测和防治方法尤为重要。

2. 深埋隧洞围岩破裂结构特征

下面我们从一个现象出发，总结一下能否对深埋隧洞岩爆有一些共性的和规律性的认识。

在锦屏Ⅱ水电站深埋隧洞开挖过程中，大量岩爆发生之前，洞壁围岩都可以看到明显、规律性、不同形态的板裂化现象；板裂面（＋结构面）切割围岩形成了围岩破裂结构。通过分析大量岩爆案例发现，这种围岩破裂机构与岩爆关系密切。

下面我们首先来看围岩板裂化的几何特征：

1）出露于洞壁的形态：根据大量的现场统计，大致可以分为以下六大类：薄片状、曲面状、规则闭合板状、规则张开板状、不规则张开板状、巨厚板状。

2）沿隧洞断面的分布特征：我们通过数字钻孔摄像发现，开挖引起的围岩板裂有明显特征，沿隧洞断面方向存在两个泾渭分明的板裂化区域——密集板裂区和稀疏板裂区，但裂面均近似平行于洞壁（或开挖面）；密集板裂区的深度一般小于2m，多为1m以内；稀疏板裂区位于密集板裂区以外，此区域内裂隙间距达数十厘米至数十米不等；稀疏板裂区有时不明显或者不存在；在密集板裂区内，板裂厚度为数厘米至十几厘米不等，形态各异，板裂面多为张开；受施工和时间等因素影响，密集板裂区有时会由于表层剥落/垮塌而局部或全部缺失。

3）密集板裂面产状与开挖的关系：一般性规律为近似平行于开挖面；受掌子面空间结构效应的影响，板裂面在每个掌子面附近倾向于洞轴线，并随开挖循环而呈周期性变化，出露于洞壁即为通常所看到的围岩板裂化现象；循环进尺不同，板裂面的周期性结构形态有所不同；一旦形成第一组板裂面，一般难以再形成其他不同产状的板裂面；第一次开挖形成的板裂面将主导围岩后续破坏的基本形式、强度和范围等特征。

3. 深埋隧洞围岩破裂结构形成岩爆的机理

对锦屏隧洞大量岩爆案例分析后发现，有一类岩爆最为普遍，发生频率最高，其一般性过程为：开挖→洞壁围岩一定深度内产生不同几何形态的板裂→板裂面（＋结构面）切割围岩形成围岩破裂结构（成为潜在的岩爆结构）→潜在的岩爆结构经过一定时间（长、短）的发展演化（或受到爆破等外力扰动）而发生突发性失稳破坏,形成岩爆(时滞性、瞬时)。

根据潜在的岩爆结构不同,形成岩爆的机制和特征也不相同。

3.1 板裂面切割围岩构成的岩爆结构

1)密集板裂区一般是发生岩爆的主要区域和先导——板裂首先弯曲折断,形成阶梯状断裂;

2)往往会进一步诱发应变型岩爆,形成爆坑,爆坑最大深度大于爆前密集板裂区的深度(程度);密集板裂区缺失时,一般表现仅为应变型岩爆特征;

3)岩爆强度受板裂厚度及其完整性控制,如果板裂厚度比较大、完整性比较好,岩爆强度就比较强,而破碎的板裂结构一般对应弱岩爆,或仅以垮塌等形式破坏;

4)此类岩爆在锦屏Ⅱ深埋隧洞发生频率最高,但岩爆强度并不最高,一般为弱-中等岩爆;

3.2 板裂面+结构面组合切割先构成的岩爆结构

1)结构面往往是岩爆的主导因素,其作用本质上是提供了一个"相对自由面";

2)这种围岩结构一旦发生岩爆,强度一般都比较强;

3)结构面对岩爆的影响及其程度取决于其与掌子面/洞壁的相对位置关系(按角度、距离可分为三种基本空间关系类型)、结构面的力学性质、地应力等因素。

4. 岩爆的时滞性机理

通过现场实测到的一次岩爆可以看出,随着时间演化,洞壁围岩一定深度内的裂隙不断发展,此范围内的相对变形发生了明显增大。将这种现象和前面基于围岩破裂结构的岩爆分析观点来对比,可以看出:围岩破裂结构的时效性脆性破坏是导致岩爆时滞性的内在机理。

另外,通过室内试验也发现了硬脆性锦屏大理岩破坏的时滞性,这从概念或者从力学机理来看,与岩爆的时滞性机理是一致的。

5. 结语

1)规律性的板裂化破裂是深埋隧洞硬脆性围岩的普遍规律和现象,板裂面(+结构面)切割围岩形成围岩破裂结构,成为潜在的岩爆结构;

2)在一定条件下,围岩破裂结构特征将主导围岩后续破坏的基本形式和范围,以及可能发生的岩爆的机制和强度。

3)从围岩的结构性特征出发来探究深埋隧洞岩爆的形成机理,更有利于从本质上合理认识岩爆孕育特征和显现规律,对于建立相应的理论/数值分析方法、预测方法和防治措施都有一定意义。

后续研究需要重点关注的几个问题:

1)围岩破裂结构形式的机制和探测:重点是板裂化现象,是动力作用产生的还是静力作用产生的,还是动力和静力作用组合起来产生的?尚不明确。

2)建立围岩破裂结构演化形成岩爆的判别条件,以对岩爆预测提供机制方面的依据。

3)研究上述现象和问题,归结起来,需要重点解决高应力和卸载条件下硬脆性岩石的三个基本问题:峰后特征、非连续破坏/变形、时间效应。

我的这个发言中谈到的现象和问题是以锦屏Ⅱ水电站深埋隧洞工程为背景的,在其他不同工程、不同地质条件以及不同施工方法等条件下是否也具有相同的规律?还需要进一步验证。

谭云亮:

时滞性的本质是什么?

周　辉:

我们在现场实际岩爆和实验室层面实验发现它时间很短,对于岩爆来讲它的时滞性是开挖过去以后,空间上已经过了2~3倍,时间上滞后最短几分钟,最长几个小时,又发生岩爆,这是从岩爆现象来讲。室内实验时,我们做了几分钟或者几个小时,加载上去以后,保持一定荷载就坏了。

何满潮:

特别提出岩爆的结构板裂化,是相对的还是一般性规律。我个人看法还是相对的，不能作为一般性规律。因为用的图是我在850m下看到的现象，他们不允许拍照，我自己画的。感谢你非常重视这张图。这张图板裂化程度可能是在开挖后岩爆，开挖以后没别的力学时发生的岩爆，可能出现这种现象。如果在开挖以后是稳定的，然后受到顶板，比如旁侧爆破，或者旁侧断层的错动，这种对它强烈冲击时来不及产生，板裂化实际上是破坏现象，开挖时首先是静力学作用，然后产生板裂化程度破坏。后面是多余能量破坏了以后送出去，当旁边出现开挖以后诱发岩爆，有别的力源进行新的冲击时，来不及，就出去了。

重视峰后的研究，如果能看出峰后脆性还是延性的，立足点是研究峰后。从我们实验结果来看，岩爆破坏以后，破坏后面的东西没有什么关系。为什么我研究它与峰后有关系，还是因为我们用静力学，想从里面找出岩爆动力学原因。实际上只要一破坏，后面怎么破坏是没有关系的。还是要重视新的东西，这是我的观点。

钱七虎：

周辉的报告非常好，峰后非常重要，峰后决定破坏能的大小，峰后陡，破坏能小就容易岩爆，所以这个峰后一定要研究。时滞性，板裂结构相对来讲一般性规律多一些。为什么符合这个道理？一个二维的图，何教授原来做的一维，岩爆马上出现，如果二维的话，因为开挖以后，径向有卸载的拉伸波，这个拉伸波速度是最快的，二维应力转移，转移速度慢，如果要成立的话，先成立后过来，然后再岩爆。俄罗斯测过，这个波是拉伸波，这个速度比转移波快，转移也有一个时间，比较慢。L. R. Sousa动力分析很重要，如果没有动力问题，两个转移时间都出不来，都以为省时，实际上动力问题出来了，拉过来的时间和转过来的时间，而且转过来不是一次，为什么几个小时以后爆？因为再转移需要时间，一定要分析动力问题就是这个道理。二维一卸，径向拉伸过去，然后转移过来的慢，所以你们将来做，通过应力值，转移时间、速度都可以测一下。

汤　雷：

板面方向和层裂方向不一样吗？

周　辉：

对于层裂来讲有比较固定的概念，这个面上反射产生拉伸。

潘一山：

走向和尺寸通过什么方法得到的？

周　辉：

比如说结构面已经完全露出来了，往上一量就出来了。

钱七虎：

因为岩爆一定有破力，原来变形能减掉破坏能，就是岩爆的能量。有破力面，破力能肯定小。大结构面、小结构面，假如很大面积的破坏，能量减少得多。

姜福兴：

我们碰到两种现象，一种是在煤层里掘进以后，一直在产生煤爆，在现场表现时出现锚杆和锚索瞬间被拉脱，但是过一段时间以后就稳定了。这种现象我们认为巷道里面的应力在重新分布，和外应力场相适应，破裂剖面和外应力场相适应，这个过程是慢慢产生的。冲击地压有一类叫做劈裂型。

周　辉：

第一个问题，从动力往里，有可能这段时间一层一层，产生一些类型，这些现象我们是看到的。从机理上来说，我认为随着时间的推移，岩石性质在不断发生变化，应力逐渐往里转移，最后是平衡的，除非支护结构被破坏了。

窦林名：

煤矿巷道掘进，掘进前 5m 范围之内发生的冲击现象比较少，掘进前 5～10m 范围发生的多。而且这种现象大部分在后面发生，有几次事故是后面人员伤亡，前面的人没事。

周　辉：

很有可能有一些岩爆，甚至数量占大多数岩爆，在瞬间爆破时已经产生出来了，我们不知道是不是产生，无法统计，所以可能有两方面认识会有不同的结论。

窦林名：

后方应力重新分布的过程达到冲击极限状态，这是第一个因素。第二个因素，前面掘进的时候，掘进头扰动，产生动载造成的。

何满潮：

刚才钻孔看板裂结构，测的那个位置离掌子面多远？

周　辉：

我们孔没打的时候就打进去了，旁边有一个平行的洞。

钱七虎：

倒过来，板裂多的是靠近开挖面，另外一个洞是打过来，然后开挖掉，然后再观察。

何满潮：

问题是当掌子面推过去产生，还是没有推到就产生了？如果是推过去产生的，或者没有推过去产生，离掌子面有多远？

周　辉：

基本上距离掌子面大概不到一倍洞径的位置，已经有裂隙产生，方向比较乱。

何满潮：

就是说还没有岩爆的时候就产生裂隙。

周　辉：

正好到这个位置，一炮放进去，完整出来了。

何满潮：

是钻爆。

钱七虎：

看的时候掌子面过去了？

周　辉：

一直在看。

齐庆新：

是一个观测孔，随着掌子面往前推进在观测。

周　辉：

爆的时候我们不敢看。

何满潮：

还没到那个孔面就可以看，当爆的时候肯定不能看。

钱七虎：

后面一条白的线是裂缝，这个缝是新生的还是老缝？

周　辉：

第一次摄像头放进去就有，应该是原生的。

齐庆新：

我理解周辉同志现在做的工作是通过破裂结构面的变化来反分析和岩爆到底什么样的关系，要确定这么一个问题，因为这完全是从实践、观测上来做的，专门有观测巷道和观测孔来观测与掌子面不同距离时板裂面的变化。我20年前做的研究叫做“结构破坏的冲击地压”，因为煤矿是一个横向层状，现在研究更多的是跟推进面竖向的层状面应该有关系。我个人觉得跟你这个结果应该相反，现在更多考虑垂向，而不是平行的。按我过去的研究，与你结论相反。结论是板裂面越多、越密，岩爆越强。

周　辉：

不是。

齐庆新：

如分界线图，密集区和岩爆的关系。板裂形成过程是一个能量释放的过程，板裂越多，我认为发生岩爆的可能性越小，一定要跟破坏性岩爆直接关系起来，我觉得这是最核心的。

王明洋：

因为这个板面恰恰反映高地应力，地应力大小，地应力越高，旁边出现拉伸应力状态，反映地应力高低。

周　辉：

板裂厚度比较厚、比较完整，强度越大，如果越薄、越破碎，强度越低。

岩爆地区工作方法初探

◎傅冰骏

鉴于国内现行地下工程建设规程、规范或指导性文件,大都缺少对岩爆的系统论述。所以与张镜剑、尚彦军两位教授一起,结合近年来的工程实践,提出岩爆地区工作方法初探,向大家请教。

1. 岩石力学基本性质研究

对岩爆地区,除常规项目以外,应对以下试验予以特别关注:

1)利用刚性伺服控制试验机进行岩石单轴及三轴试验,获取应力—应变全过程曲线及脆性系数 R_c/R_t 和应变能指数 W_{et} 等决定是否岩爆的重要资料,并用声发射技术,根据 Kaiser 效应求得原岩初始应力状态。同时在现场测试岩体完整性系数 K_v。

2)在工程现场进行经济实用、简而易行的点荷载强度试验,根据有关公式计算出 σ_c。

3)建议应用国际岩石力学学会颁布的"岩体结构面定量描述方法"进行工作,内容共有 11 项。

4)在围岩表面用应力解除或应力恢复方法直接测试地应力,一方面用于工程实践,另一方面校核数值分析得到的成果。

5)测定岩石的矿物含量。一般情况下,当岩石中粘土矿物含量大于 30% 时,片帮及岩爆的可能性小。

2. 地应力研究

值得注意以下问题:

1)根据岩爆信息,粗略反演地应力状态。

2)勘探期测得的地应力值与施工期实测的不一定一致,施工期应及时在现场实测地应力。

3)在运用数值分析方法时,应注意:①岩体本构方程要选择恰当;②岩体力学参数和边界条件要符合实际情况。

欲达到上述目的,要有丰富的工程实践经验。

3. 建立健全微震活动事件数据库

主要是对微震活动,包括破裂、剥落、片帮、岩爆等有关事件进行详细描述,连同工程地质条件、施工措施方面的信息等共15项内容应统一建库。

4. 围岩破裂及微震活动的预测预报

1)宏观分析判断法;

2)工程类比法;

3)数值分析法;

4)人工巡视法;

5)仪器检测法。

在5种仪器检测方法中,我们推荐采用当前唐春安教授等开发的可视化RFPA - View系统。

5. 岩爆的防治

1)防治原则有3条;

2)使用的技术措施7种;

3)考使用的技术措施6种;

4)值得注意的几个问题:①在岩爆地区,开挖后应尽快进行临时支护;②近来,何满潮教授等开发出来的恒阻大变形锚杆系统,允许变形可达到1000mm,在国际上遥遥领先。③保证施工质量。这个问题看起来是老生常谈,实际上做到并不容易。

6. 现场监测

1)洞内空气质量监测;

2）收敛监测；

3）简易声发射事件监测；

4）微震监测；

5）重点锚杆或锚索的应力、荷重监测；

6）地下水、地表水渗流场监测；

7）水文、地震、气象条件监测。

应对监测资料，统一建立信息库，完善信息管理系统并及时、不断地进行整理分析，及时反馈，以达到动态设计、信息施工的目的。

7. 风险分析和风险管理

近年来，我国这方面虽然取得不少进步，但发展并不平衡，例如：在大型水利水电工程领域（如锦屏Ⅰ，Ⅱ级地下工程）基本上没有进行风险分析和风险管理。建议今后加强这方面的工作。此外，在本次会议上，L. Sousa 教授就风险分析和风险管理做了专题报告，所以就不展开谈了。

建议：

1）国家要尽早出台适用于岩爆地区工程建设的导则、规程、规范。

2）我们的创新技术，如何满潮教授、唐春安教授等开发的产品要更多地占领国际市场，尤其是在恒阻大变形锚杆系统方面，我们比瑞典 ATLAS COPCO 的产品先进的多，理应后来居上。

不当之处，请大家批评指正。

潘一山：

监测空气质量怎么考虑的？

傅冰骏：

这是指周围环境监测，主要是为了保护劳动力，跟岩爆没有直接关系。

基于非线性系统的冲击地压预测研究

◎谭云亮

冲击地压孕育演化是典型的非线性动力学系统,因此冲击地压预测预报研究,应该从非线性动力学角度,在考察非线性动力学行为的可预报性及预报尺度的基础上,确定描述岩石破坏及运动演化过程的变量类型及变量数目的准则,最终建立起岩体破坏及运动的非线性动力学反演预测模型。在这里,可预测性评价问题是前提。

1. 非线性系统可预测性评价方法

在非线性动力学中,Lyapunov 指数的重要作用之一是判断系统是否具有混沌行为。在一般的非线性系统中,相互靠近的轨迹要么指数地迅速收敛,要么指数地发散。而在混沌系统中,由于初始状态的微小不确定性将会迅速地按指数速度扩大,预测能力也将随之迅速丧失。这种轨迹收敛或发散的比率,称为 Lyapunov 指数(简称 LE)。它表示两条初始无限小分开的轨迹之间的相对距离在单位时间内平均指数增长因子。对于确定性系统 LE 为正,说明该系统是混沌的。反之,则表明该时间系列是有序系统,也就是说是周期的或准周期的。LE 与系统运动特性之间的对应关系为:$LE<0$ 时系统为定常运动;$LE=0$ 时系统为(准)周期运动;$LE>0$ 时意味着初始状态相接近的不同轨迹总体上会指数发散,即系统出现了混沌运动;LE 趋于无穷大时系统为随机运动。于是人们把其倒数成为可预测尺度:

$$T=\frac{1}{LE}$$

很显然,LE 越小,可预测性就越大,这是符合道理的。

2. *LE* 方法对复杂冲击地压系统的适定性

正如上所述，*LE* 指数反映系统演化由于初始条件改变，其轨迹发生偏离的程度。但在冲击地压预测中，我们基本的做法是通过收到的微地震信号、声发射、电磁等响应来反演估计冲击地压系统的可预测尺度性。由于冲击地压孕育系统许多影响因素如介质属性的变异、真实应力环境等我们无法确切知道，而且复杂的工程条件给系统响应带来了很多不易剔除的噪声，这样使得我们由系统动力学响应反演评价系统动力学性态带来许多不可靠性。例如，本来系统是周期的或准周期的，而实测到响应序列其 Lyapunov 指数是正的数值（正是数值意味着系统是混沌的），从而导致反演结果的错误。另外，Lyapunov 指数的倒数作为可预测尺度科学性还值得进一步商榷，因为 Lyapunov 指数是系统发散或偏离轨道的程度，其倒数是否具有时间尺度属性还未得到严谨的证明。因此冲击地压、岩爆等非线性动力学系统的可预测性评价问题，还处在初级认识阶段，尚需进一步深入研究。

3. 正—反演结合评价的可能性

目前，对冲击地压可预测性的认识，可以先从对煤岩介质的属性认识出发，针对不同岩石性质分别对待。正如钱七虎院士所指出的，可以把岩体分为均质和非均质来考虑。其实大多数变质岩基本上是均质的；而煤矿地层属于沉积岩，属于不均质的。不同岩性组成和不同均匀程度的岩层，其破裂特征、能量释放规律都不一样。在这种背景下，我们把不同的结构特征和不同的岩性组成岩层，用同一种模式考察它的可预测性，显然是不合适的。

同时，我们用非线性动力的方法把它的时间序列计算 Lyapnuov 指数来识别系统的非线性特征是反演的做法，如果仅仅用反演的做法来识别它的可预测程度、非线性特征往往不可靠。怎么办？可以通过反演和正演结合的方式：先研究不同类型、不同特征条件下的围岩的破坏演化过程中所表现出来的非线性特征，慢慢的构造更多的模式库，再进行反演实验，二者结合起来可能是一个有效途径，可望消除识别结果和原型对应偏离问题。

4. 典型冲击地压响应特征

研究表明，对不同的煤矿岩层、不同的围岩破坏特征来讲，其前兆信息是不一样的。①对于脆性大、强度高的岩层，往往破裂具有突发性，并诱发冲击地压，几乎同步发生，对于这一种模式下的冲击地压预报几乎不可能；②如果顶板具有一定韧性，属于周期性破坏的顶板，冲击地压的发生与顶板的周期性运动密切相关，其前兆信息规律性强，对此类型冲击地压很容易作出预报；③压扭性断层活化导致的冲击地压，由于随着采动影响，断层慢慢开始活动，其前兆信息往往呈现一种指数型增加性态，在这种背景下，我们可以做到趋势预报，但无法预报什么时候会发生冲击地压。因此，通过这三种典型冲击地压来看，其可预报程度是不一样的，如果我们不分析岩层破坏机理和对应前兆信息，单纯从监测到的物理信息来反演预报，难度很大。

汤 雷：

岩爆或者冲击地压是否可预报？预报性如何是非常重要的。预报性情况怎么样和我们对应预报精度的要求有必要达成关系。在煤矿里出现大范围应力转移，和采动影响有关系。通过大范围监测，看应力向什么地方转移，这个预报还好一些。有些地方预报为什么很难？难就难在我们对岩性一直测不准，这也是一个影响因素。

钱七虎：

这个预报也可以有概率，天气预报下雨60%概率，80%概率等，岩爆预报也可以有概率，概率小，30%概率时可能要预报。

唐春安：

预报比较危险就要采取措施，不是说有就采取措施，没有就不采取措施。如果危险很大，采取措施总是更安全的。

钱七虎：

安全风险评估是概率，我们工程上，地下工程有些事故，事故是风险转移的，为什么要安全风险投入呢？现在有些人为什么不投入？比如这个事故风险很大，我不投入，赌它20%，赌赢了我就赚了，这种思想要批判，是不对的。这个东西完全预报百分之百准确是不可能的，要根据措施的经济造价等，最后决策，采取大措施、小措施、中措施，这样的理念才是对的。

谭云亮：

不是预报，而是作出危险性评估，预处理。

钱七虎：

预警里包含预测、预报。

窦林名：

预测和预警，如果百分之百的做到很难，谁都保证不了。但根据动载和静载，可以测它的静载，测它的动载大小，静载动态组合，想办法把静载降低，动载降低，危险性就降低了。这两个方面可以做到。从监测来说，也应该从这两个方面着手。先监测到应力高低，应力达到什么情况，想办法降下来。动载目前监测比较好一点，微震监测到震动能量，就可以想办法把能量降下来。目前这些措施上去以后，大部分强的冲击可以弱化。还有一些小的冲击通过这些措施消除掉，完全消除不可能，只要采取措施肯定会起作用。浅部可以采取措施，但深部就比较麻烦。

钱七虎：

静载不降，地应力降。岩爆破裂很集中，那个地方应力很强，可以局部降下来。你们要有岩爆监测，制定的几条措施，有没有成功的？解除应力水平有没有成功的例子？用的效果怎么样？

何满潮：

我们这儿没有发生岩爆，发生岩爆是别的锚杆，是有锚杆发生岩爆了。

唐春安：

讲预报的准确率问题，在工程中，宁愿这是预报不准，因为我预报有，之后没有了。宏观上看，这一两年来没有大事故，这是大前提。这两年实施大面积监测，也采取措施。现在每天都看报告，每天都有。整体水平下降了，也可能说跟监测没关系，整个岩爆水平下降，事实不是这样的，因为最深的地方比原来整体岩爆水平还降低了。哪怕监测出来不对，提前告诉他有危险，他做支护做好了也能达到目的，但是过去工人不知道锚杆的作用，就是打个孔放进去，没拉住，现在施工质量也提高了。一定要向煤炭老总介绍微震监测系统，一直认为岩爆监测是矿震监测系统，这是错误的概念。监测应力当然最好，能监测应力根本不用微震系统。问题是大量的应力是监测不到的，而微震是地应力活动的显现，哪个地方微震的多，肯定应力比较明显，实际上微震已经破坏了，完全通过破坏了再去监测破坏，这是最大的难度，挑战在这个地方。微震实际上是破坏信息的监测，要监测应力最好，但关键现场监测应力是非常难的事情，大范围监测应力更难，所以这是一个间接办法，可以反映应力的扰动。

姜福兴：

我们绝对不是监测应力，监测的是应力的显现，这两个差别很大。

唐春安：

微震是三维空间应力显现的监测，告诉老总哪个应力比较活跃，你要注意，就达到监测推广的目的了。

抗爆缓冲材料动态力学特性及防冲支护研究

◎潘一山

自从 1985 年参加全国第三届岩石力学学术会议以来，今天参加学术沙龙感觉是最好的，学术讨论会没有像今天这么热烈，大家学术观点激烈交锋，气氛很好。

何满潮教授报告了近些年来岩爆试验取得的多方面成果，在试验中，岩片或岩块被高速抛射出去。我们能不能研制一种抗爆吸能结构？把高速岩石的冲击力降低下来，同时吸收释放的能量，这样就可望能减轻岩爆、冲击地压等动力灾害。

强力支护对于延缓岩爆的发生是有效的，一旦岩爆发生后却不能降低其破坏程度。岩爆震级超过 4 级的很少，比较严重的是 3 级，一般是 2 级，5 级以上的极少。对于降低和减缓岩爆灾害的支护，可以考虑使用强力支护加吸能材料组成的结构，将岩爆灾害产生的冲击能消耗掉。在煤矿开采中，巷道支护首先要提高支架支承力，同时在支架上设置吸能材料，一旦冲击型动力灾害发生，吸能材料可吸收冲击能量，支架也会消耗一部分能量，岩爆灾害就可以得到降低。

我们进行了泡沫铝、泡沫铝硅合金、泡沫铝稀土合金、泡沫铝纤维合金和泡沫镁六种材料的动力学性能测试，发现泡沫铝具有较好的缓冲和吸能性能。在准静态条件下，泡沫铝材料压缩破坏后的形貌见图 1，孔洞已被压密实，具有较大的压缩变形空间。材料断口形貌的电镜扫描结果见图 2，断口处表现为撕裂的痕迹，说明泡沫铝材料具有较好的韧性。

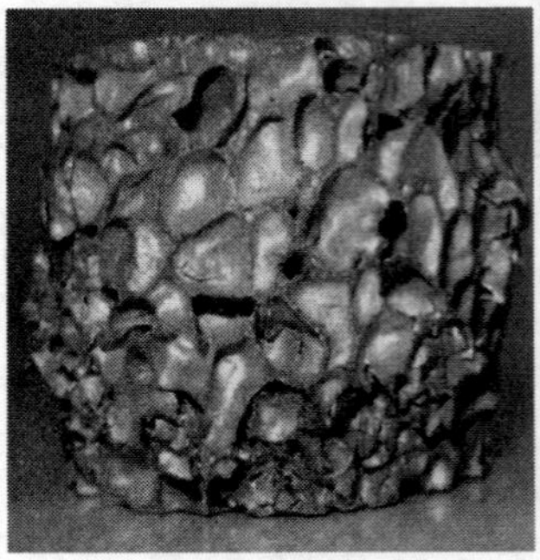

图 1　泡沫铝压缩破坏后的宏观形貌

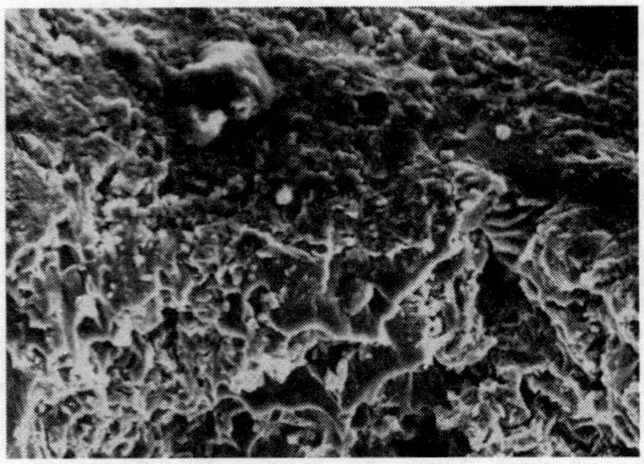

图 2　泡沫铝断口的微观形貌

图 3 为泡沫材料应力－应变曲线，在冲击载荷作用下，Al－Si12 基泡沫铝合金的应力峰值最大为 15MPa 左右，极限应变小，缓冲性能较差；Al－Si6 基泡沫铝合金和泡沫镁的应力峰值均约为 6MPa，易发生脆性破坏，也不利于缓冲；泡沫铝稀土合金和泡沫铝纤维合金的极限应变较大，应力峰值较小，约为 1MPa；泡沫铝的应力峰值为 4MPa 左右，极限应变也较大，缓冲和吸能性能较好，且泡沫铝在压缩过程中可提供较大的变形空间，因此，我们初步认为此材料比较适合用于防冲支护，但仍需要提高泡沫铝强度。

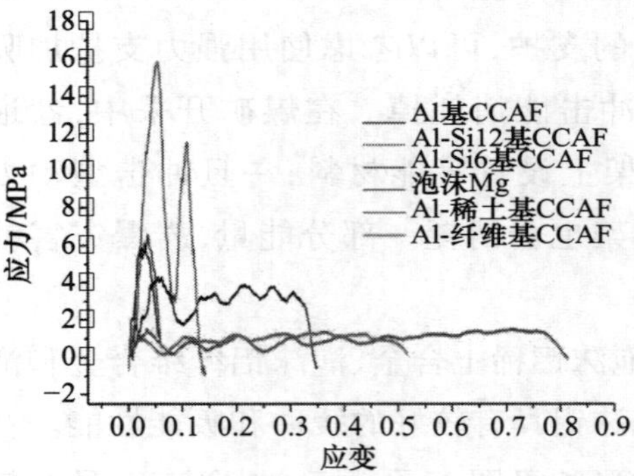

图 3　泡沫材料的应力－应变关系曲线

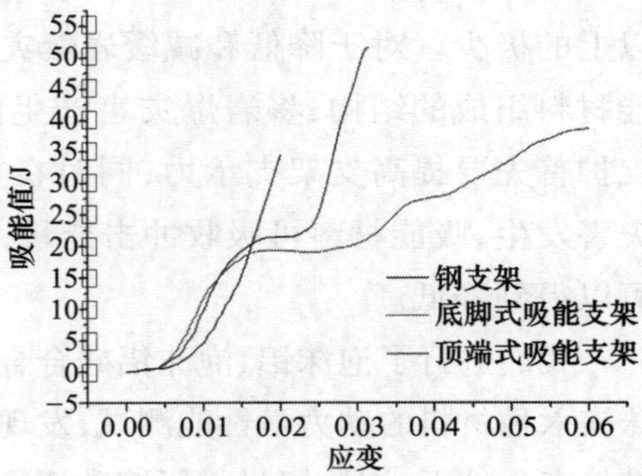

图 4　不同支架吸能特性曲线

在实验室制作了两种类型的支架装置（图 5），吸能材料分别设置在支架底脚和顶端。由初步的实验结果（图 4）可以发现，在冲击能均为 60J 的条件下，底脚式吸能支架可吸收的能量为 40J 左右，约占总冲击能的 67%，顶端式吸能支架可吸收的能量为53J左右,占总冲击能的70%以上;吸能材料的体积增加后,吸能效率有所增加。

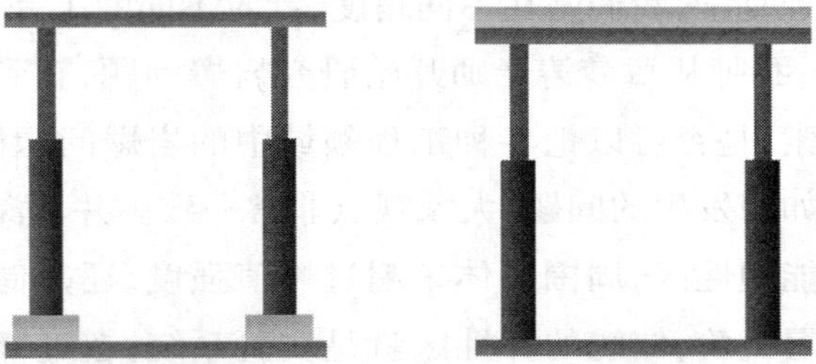

(a) 底脚式吸能支架　　(b) 顶端式吸能支架

图5　两种类型支架装置示意

为了对比不同支护的效果,在实验室制作了相似材料模型,在其中挖出了一个矩形的巷道,在模型的上端进行了应力加载,以模拟冲击破坏的发生,分别模拟了锚杆支护、棚索协同支护、U型钢支护和吸能支护(巷道衬砌吸能材料)的支护手段,由实验结果(图6)可以发现,锚杆支护、棚索协同支护、U型钢支护的巷道发生冲击破坏后,巷道都存在不同程度的变形或破坏,而吸能支护巷道发生冲击后整体性较好。下一步我们想将这种材料进一步做成结构并与支架结合起来,无论在工作面,还是在巷道,一旦冲击来临,吸能材料缓冲一部分冲击力,吸收一部分冲击能,强力支护本身就可以抵抗一部分冲击作用,在刚-柔耦合作用下使破坏降到最低,尽量避免造成人员伤亡。

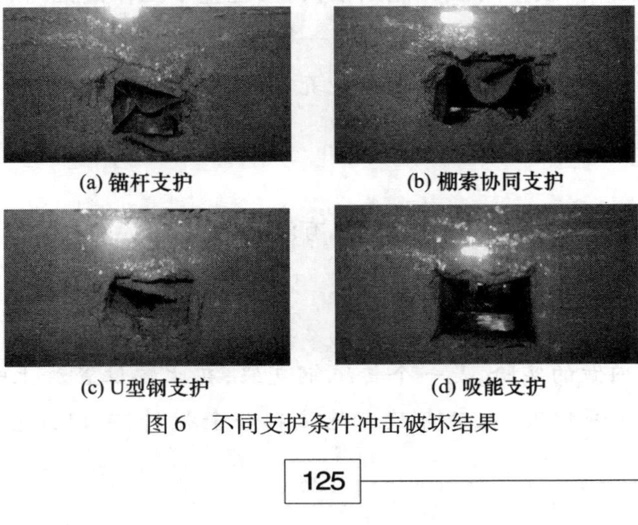

(a) 锚杆支护　　(b) 棚索协同支护

(c) U型钢支护　　(d) 吸能支护

图6　不同支护条件冲击破坏结果

补充一下对岩爆的几点认识：

(1)岩爆发生在多种工程领域之中，如采矿工程、水电工程、交通工程等，而且岩爆现象特别复杂，我们站在不同角度，针对不同的工程，大家的观点也不尽相同。1984 年，我师从章梦涛老师开始研究岩爆问题，直到今天一直没间断对岩爆问题的探索，是否可以把各种工程领域中的岩爆问题简单、统一起来对待呢？对于岩爆如何发生的问题，大家观点非常一致。井下深部岩体超过峰值强度后就变成耗能塑性区，周围岩体未超过峰值强度，还是储能弹性区。何满潮教授所做的岩爆试验，储能的弹性区就是实验系统，超过峰值强度后塑性耗能区就是试件。对于煤岩巷道来讲，破坏的巷道围岩体是耗能塑性区，深部岩体是弹性储能区。岩爆的发生受内部因素和外部因素的影响，当达到一定条件时就会发生岩爆。内因就是煤、岩石都具有脆性破坏的性质，外因就是它的应力状态及扰动。煤与瓦斯突出、岩爆、矿震和地震等的发生问题，实际都可以归结为应力增加的结果，当系统的状态处于临界值时，岩爆就会发生。

(2)岩爆最基本的原理不能逃脱大自然的三大定律：能量守恒、质量守恒和动量守恒，我想应该能把岩爆问题简化。无论冲击地压、矿震，还是岩爆、煤与瓦斯突出或地震，从力学本质上来说是相同的，只不过在不同条件下表现形式不同。岩爆最早是从水电工程出现的，是指岩石的爆裂。水电工程中岩石强度较高，破坏范围往往不像煤矿会达到 300m 那样的破坏范围。煤矿中煤的强度比较低，一旦冲击发生后破坏范围很大，甚至整个工作面摧垮，因此称为冲击地压。总之，岩爆和冲击地压本质还是一样的，能将其统一！尽管具有统一性，在不同情况下会表现多样性，本质上是统一的、简单的、基本的。

钱七虎：

吸能支护和其他支护相比较，效能有没有提高？

潘一山：

这是在室内做的实验，是一个传统钢支架，在比较位置放上吸能泡沫铝合金材料。还有一种情况，在顶部放上泡沫铝合金材料，可以吸能 67%，这边吸能是90%。

何满潮：

吸能67%是什么概念？

窦林名：

泡沫铝合金能压缩到什么样的载荷？

潘一山：

无论在准静态还是在冲击地压下，泡沫铝合金有很大的变性，水平面比较长，在通常情况下有很大的强度，但是在冲击地压下，底下位移很大，粉碎破坏以后，把能量吸附。

窦林名：

相当于脆性破坏。

姜耀东：

有一个问题，从吸能本身来讲，这是一种方式，我们原来全封闭的本身也是一种吸能，即通过变形消耗能量，包括何教授锚杆研制的恒阻大变形锚杆本身也是一种吸能材料。你的问题是要和支架连在一起，有工艺、成本、效果的问题，都需要考虑。煤矿巷道和冶金、水利巷道不一样。支护成本不要太高，因为不是永久性巷道，有这样一个问题。

窦林名：

支架里装一个驱动装置，压缩空气的。

潘一山：

但是在静态情况下强度不够。

窦林名：

实现的难度比较大，理论上可以。

钱七虎：

一定要配合支架做，其他交通工程、水电工程断面经常变化，没有专门做支架的话，就不能用。

潘一山：

从长远来看肯定要做专门支架，否则的话，现在支架和这种材料结合不到一起。

何满潮：

一米不行用半米，半米不行加大强度，采用高钢高强和冲击地压、岩爆来硬顶，结果是我们屡屡失败，教训非常惨重，多次动力学事故，伤了不少人。现在走的这条路，不是一味地让，而是有让有抗，把支架本身相对于这个材料是刚性的，这个材料相对于刚性是柔性的，刚柔相济，有让有抗，这个思路把冲击地压防治更推进了一步。

基于恒阻大变形支护的岩爆灾害控制技术研究

◎孙晓明

非常荣幸能够有机会在这次沙龙上发言。我以前主要从事软岩巷道支护方面的研究工作。今天所介绍的主要内容是近几年我们深部岩土力学与地下工程国家重点实验室研究团队，在何满潮教授带领下，从支护的角度，对岩爆大变形灾害控制进行的一些思考和研究。下面把相关研究进展向大家汇报一下。

对于岩爆现象，大家看了很多，在此不再赘述。从现场破坏结果可以看到，不论是岩爆还是冲击地压，之所以造成人员伤亡与设备损坏，主要是因为我们目前所采用的支护材料不能够适应岩爆、冲击地压发生过程中的大变形，从而造成岩石迸射、弹射，使整个作业空间急剧减小。针对这一问题，我们提出了恒阻大变形支护控制的理念。也就是采用一种新型的支护材料，既具有一定的拉伸变形量适应围岩在岩爆、冲击地压过程中的大变形，又能够在变形过程中保持恒定的支护阻力，从而有控制释放岩爆、冲击地压过程中的变形能量，避免因围岩弹射、垮塌而造成的灾害。也就是支护材料要具有刚柔并济的力学特性，同时要实现以柔克刚的控制目标。

目前国外普遍使用的防爆锚杆主要有两种。一种是澳大利亚的 Roofex 锚杆，主要通过结构变形来适应围岩变形，其恒阻力为 80kN，最大变形量为 300mm。另一种是加拿大的 Conebolt 锚杆，主要利用锚杆端头加工的锥形结构与锚杆钻孔中的锚固剂的摩擦作用力来防止岩爆发生时的围岩大变形破坏。该种锚杆为增阻锚杆，适应围岩最大变形量为 120mm。上述锚杆的主要缺点在于适应围岩变形量小，支护阻力低。

针对上述问题，我们研制了具有特殊结构的恒阻大变形锚杆（索）新型支护材料。该支护材料利用在锚杆末端安装的恒阻变形装置与普通锚杆（索）相配合，实现了材料大变形与结构大变形的有效结合，从而能够在支护阻力不变的情况下，适应围岩的大变形。

在此基础上，通过对材料、结构进行优化选择和组合试验，确定了恒阻装置的结构组成、材料参数和几何参数。其中，恒阻力设计值低于锚杆杆体破断强度的95%，从而避免杆体产生拉断失效。

为了验证新型锚杆的恒阻大变形力学特性，我们首先自主研发了恒阻大变形锚杆静力拉伸实验系统。该实验系统可以以不同的速率将锚杆从恒阻装置中拉出，从而模拟得到围岩大变形过程中锚杆变形和支护阻力变化的静力学特性。实验结果表明（图1），在拉伸试验初期是增阻过程，在达到设计恒阻力之后，杆体由恒阻装置中逐渐拉出，并在恒定阻力状态下产生结构变形，整个变形可以达到1m。

大量实验结果表明，恒阻大变形锚杆（索）的技术参数达到恒阻力150～300kN，其中，锚杆在150kN左右，锚索在300kN左右。可以适应围岩变形量在0.3～1.0m之间。

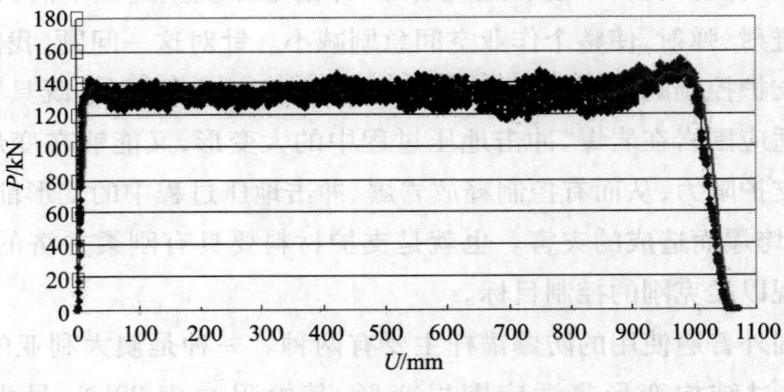

图1 恒阻大变形锚杆静力学性能室内实验曲线

对比国外大变形锚杆力学性能可以看出（图2），恒阻大变形锚杆（索）无论是在支护能力还是变形能力，均优于现有锚杆支护材料。

为了检验恒阻大变形锚杆在岩爆或者冲击地压发生时的动力学特性，我们研制了恒阻大变形锚杆动载冲击力学实验系统。该实验系统利用重锤下落来模拟瞬时冲击能量。其中，重锤质量为1000kg，有效使用高度范围：0～1.5m，最大模拟冲击能量达到15000J。实验结果表明，恒阻大变形锚杆可以承受五次冲击而不产生破断失效。

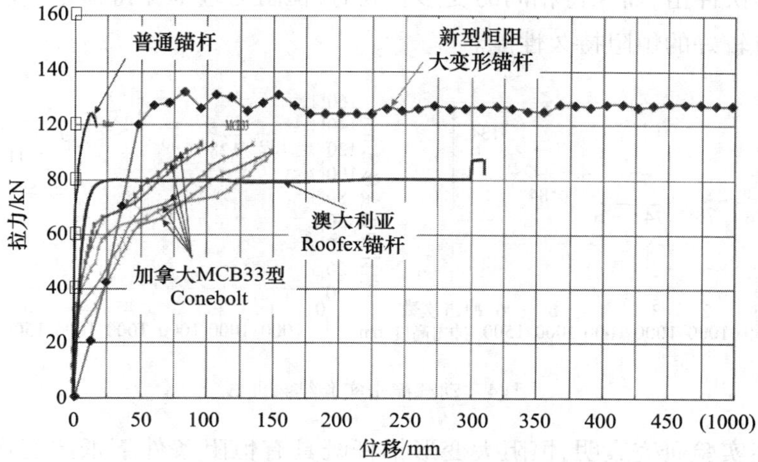

图2 恒阻大变形支护性能国内外对比

分析不同冲击能量下恒阻大变形锚杆的力学特性可以看出（图3），在低能量冲击作用下，整个锚杆的变形特性表现出弹性特性，利用材料本身弹性变形吸收冲击的能量。当冲击能量比较大时，所表现出来的是一种塑性变形过程，也就是说恒阻装置结构的结构变形来吸收能量。

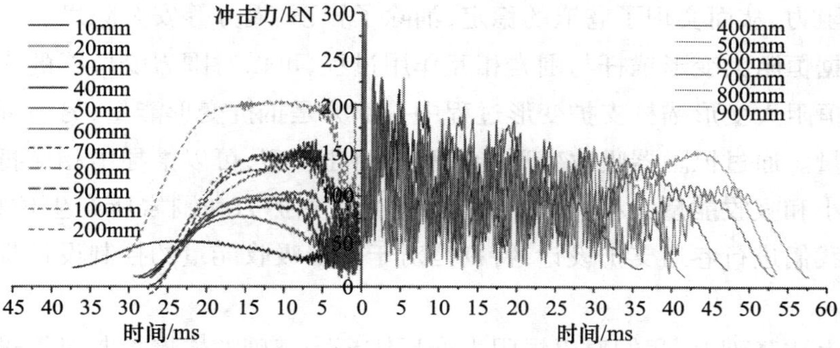

图3 不同冲击能量下冲击全程时域波形图

通过不同冲击能量下恒阻力锚杆变形量和支护阻力变化结果可以看出(图4),在前五次冲击过程中锚杆变形基本一致,表明恒阻器在相同能量冲击下可以承受多次冲击,而保持相同的变形。同时,恒阻力基本保持恒定,表明恒阻器本身具有较好的恒阻持久性能。

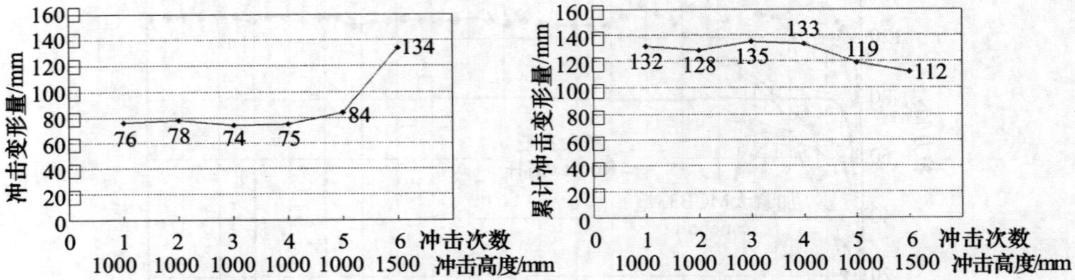

图4 动载撞击实验结果曲线

上述实验研究表明,恒阻大变形锚杆既具有恒阻条件下抵抗变形的功能,又具有抵抗冲击变形能量的功能。

在采用恒阻大变形锚杆支护巷道时,支护与围岩相互作用过程主要表现为:巷道围岩出现大变形初期的能量较大,巷道围岩的变形能超出锚杆所能承受的范围时,恒阻装置产生相对位移,也随着围岩大变形而发生径向拉伸,围岩中的变形随之得到释放。围岩的变形能小于恒定工作阻力后,巷道将再次处于稳定状态。因此,利用恒阻装置,恒阻大变形锚杆在大变形过程中仍具有恒定的工作阻力,从而实现了巷道的稳定,消除了冒顶、塌方等安全隐患。

根据恒阻大变形锚杆与围岩相互作用过程,可以对围岩变形能的大小进行探讨。恒阻大变形锚杆支护变形过程中一部分是抵抗变形能量,另一部分吸收变形能量。通过恒阻器吸收变形能过程的简化模型,可以推导出相应抵抗变形能量大小和吸收能量大小,由此可以确定相应支护力和围岩所产生位移的解,从而为我们进行巷道支护设计,特别是对于岩爆吸收能量的控制设计提供了理论基础。

在上述基础上,我们对以恒阻大变形锚杆为基础的岩爆控制对策进行相应研究。对于地下隧道工程岩爆主要采取以支护为主的控制对策,而对于煤矿冲击地压则采取以开采控制辅之支护的控制对策。

以支护为主的岩爆控制对策主要采用大断面、预留量、多级吸收能量、多次加压注浆的支护技术。该技术已在四川锦屏水电站支护工程中进行了应用。现场试验段位于曾经发生 2 次岩爆的 2#引水硐,试验段长度 40m,共使用了 600 套恒阻大变形锚杆,现场应用结论是:“试验段硐室围岩未发生片帮、掉块现象,可见恒阻大变形锚杆在普通岩爆硐段,可起到与现场使用的砂浆锚杆相同效应,对强烈岩爆地段具有较好的防冲击效果”。随着后续应用范围扩大,我们将会得到的检验结果。

煤矿冲击地压所产生的力学根源由于工作面回采引起上覆岩层运动造成的采动叠加应力。针对这种情况,我们研究提出无煤柱开采切顶卸压沿空成巷技术(图 5)。

图 5　无煤柱开采切顶卸压沿空成巷平面示意图

研究表明,传统开采过程中,由于工作面老顶的回转,使采空区侧的巷道无法使用。无煤柱开采切顶卸压沿空成巷开采工艺该技术采用爆破技术预裂顶板,利用采场周期来压沿空切顶,形成对上覆老顶岩梁的支撑结构,控制老顶的回转和下沉变形;切落的顶板在采空区侧形成巷帮,从而保留原工作面回采巷道,作为邻近工作面的回采巷道。对比分析表明,切顶卸压沿空成巷后,整个巷道围岩应力分布比传统开采下沿空侧巷道所承受压力明显降低,采用恒阻大变形锚索支护巷道顶板,保证了巷道支护的完整性,避免了因留设煤柱产生的应力集中引发的冲击地压、瓦斯突出、自燃等灾害,从而将传统长壁开采一面双巷模式转变为一面单巷采掘模式,减小了采掘比,实现了无煤柱开采。

该项技术在四川芙蓉白皎矿 24 采区首采面 2422 工作面机巷进行了应用。目前,该工作目前已经开采完毕,图 6 为距工作面不同距离沿空巷道成型情况。

由图可以看出，巷道成型情况良好，完全能够满足下一工作面回采使用要求。

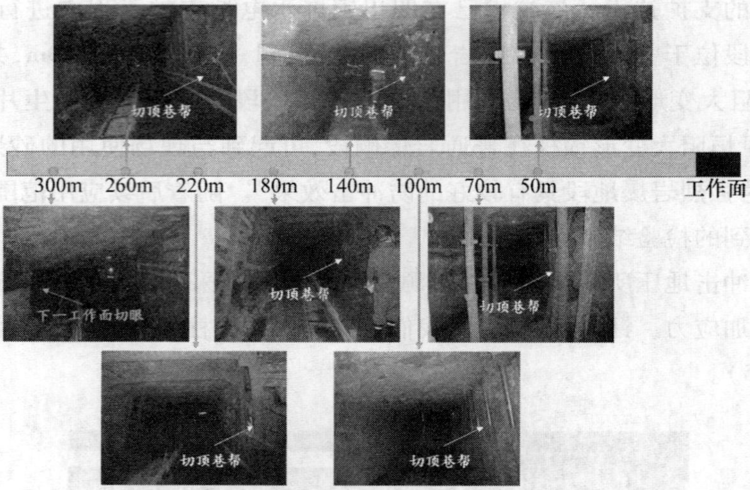

图 6　距工作面不同距离沿空巷道成型情况

综合上述研究，可以得出以下结论：

（1）针对常规支护不能适应岩爆大变形而造成的工程灾害问题，研制了恒阻大变形锚杆（索）支护材料，利用材料大变形和结构大变形，在支护阻力恒定的情况下，能够满足岩爆大变形的控制要求；

（2）建立了恒阻大变形锚杆（索）能量本构关系，推导了恒阻大变形支护和围岩相互作用的能量平衡方程，为岩爆灾害定量化控制设计奠定了理论基础；

（3）形成了基于恒阻大变形锚杆（索）支护的岩爆灾害支护控制和无煤柱开采切顶卸压沿空成巷技术对策。现场工程应用表明，新项技术为岩爆、冲击地压等深部工程灾害控制提供了有效的技术手段。

何满潮：

要开采一个工作面，必须先开掘两条巷道，一采完这两条巷道也报废了，采下一个工作面再重开两条巷道，其中一条巷道接近原来工作面的采空区，最容易出事。煤矿现在 80% ~90% 的事故出现在沿空巷道中，主要包括瓦斯、冲击、岩爆等很多工程事故。现在怎么办？这条沿空巷道不安全，最好不打，让它自动形成,这条巷道就安全。具体就是,工作面没回采之前先在沿空侧顶板预裂一个缝,煤体一开采,顶板往下下,传统方法是整个带过来,现在沿着这个缝下来,形成一个新的巷道,这个巷道在下一个工作面采煤时可以使用。

有几个难题:①切缝要切的开,切缝的高度要高于巷道,要不然下来以后堵不严。②因为巷道高度一般是3~4m,顶板要切4~5m,整个岩体往下掉时,虽然有一个缝,但是摩擦力很大,有冲击,如果采用传统锚索就断了,现在用恒阻大变形锚索进行顶板支护,在顶板下沉时,锚索它也跟着延伸,顶板切落后,锚索会回弹一点。原来顶板下沉力传过来以后,压到采空区侧巷道的巷帮,帮部要产生大变形,再传到底板,造成底臌,现在传过来的力不再传了,顶板不再下沉,这个力没有了,最不安全的地方变成最安全的。

钱七虎:

推广了没有?

何满潮:

已经鉴定完了。四川省2011年5月9日开的全省煤矿推广会,我们专门去演讲,现在在四川省推广。效益很好,这条巷道省了很多材料费,不仅是经济效益,还有安全效益。原来要留煤柱,会浪费很多资源。原来要一个工作面掘两条巷道,打通这一条沿空巷道要花很多时间,现在只掘一条巷道,就节省了采煤接续时间,提高了效率。

谭云亮:

是不是对岩体有要求?

何满潮:

不同的岩体结构有不同的对策。预先设计让它自己下来,峰值荷载一下消掉很多。如果遇到断层带,顶板破碎岩体会进入巷道,这时候要有一个护帮结构,顶板下来后再进行注浆加固。

周　辉：

遇到水怎么办？

何满潮：

沉积岩一般水相对少，如果遇到淋水的现象，局部要有相对处理措施。原来采动后，巷道紧邻采空区，煤柱压缩破坏以后，甲烷、瓦斯就进来了。现在采空空间在巷道上面，就要把上部缝隙利用喷浆封闭。这样就把一个不安全隐患消除掉了。

周小平：

恒阻大变形锚杆是什么材料做的？

何满潮：

第一个要点，这个材料相当于一个笔筒，笔筒可以大变形，但是不能保持恒阻，要保持恒阻，里面必须有增阻结构，增阻必须是恒阻的摩擦，超过恒阻就把能量吸收。第二个要点，摩擦恒阻值等于传统杆体屈服强度的90%，保证锚杆整个大变形过程中不断。煤矿为什么出事故，在大变形过程中一断，围岩下来把人伤了。这就要求在整个变形运动过程中，锚杆不能断，始终保持恒阻。第三个要点，整个过程中先是抗，当围岩压力小于设计荷载时，锚杆恒阻器不产生变形；然后是让，由于围岩压力一直增加，一旦超过设计恒阻值的时候，开始运动，在运动过程中把围岩的变形能量消耗了，而锚杆支护仍然是恒阻。

张镜剑：

锚杆怎么回收？

何满潮：

这是很重要的问题。把恒阻器放到围岩里面，杆体就可以回收了。现在我们正在做专门的锚杆回收器。

张镜剑：

开挖顺序是从上往下。

何满潮：

多煤层时，有下行开采，也有上行开采，根据不同情况，有不同的设计。

张镜剑：

不同方式，锚杆回收不一样。

基于微震监测和应力实时监测系统的冲击地压发生机理和预警方法

◎王存文

这次来主要是学习的。我所在的科研团队这些年做了一些现场的冲击地压监测、评价、预警和治理的工作，对冲击地压发生的机理有了初步的认识。自2005年开始，我一直从事微震监测系统硬件、软件的研发和现场监测的工作，下面就从基于微震监测和应力实时监测系统的冲击地压发生机理和预警方法方面进行一些探讨。

1. 如何理解冲击地压、岩爆的基本概念

学术界关于冲击地压和岩爆这两个概念的定义有了初步的共识，但仍有争论。实际上，这两个概念既有共性的一面也有个性的一面，只有清晰地认识两个概念所包含的含义，才更好地进行预测、预警和治理。

冲击地压的概念包含了三个方面的特征：

（1）通常指矿山开采过程中的动力显现现象。

（2）形成巷道破坏、人员伤亡、设备损坏的动力现象。不形成这种破坏不能称为冲击地压，如井下开挖过程中产生的岩体震动、片帮、底臌、煤粉掉落、冒顶、围岩的弹射等现象，只要没能形成巷道破坏或人员伤亡或设备损坏，都不应当称为冲击地压显现。

（3）围岩的静载荷态是冲击地压发生的基本因素，但顶板断裂、断层滑移等外部动载荷往往是诱发冲击地压的主要因素。

从能量的角度讲，巷道围岩的静载荷达到其承压极限后弹性能的突然释放是形成冲击地压的根本原因，但是还有一类冲击地压，开挖后的巷道围岩基本成塑性状态，很少或基本没有积聚弹性能的能力，而外部因素如巨厚顶板的断

裂、断层滑移等会诱发震源在远处、显现在巷道的冲击地压,形成巨大破坏。

严格意义上,冲击地压也是岩爆,是岩爆的一种特殊的显现形式,是矿山开采中形成巷道破坏、人员伤亡或设备损坏的剧烈岩爆。岩爆是具有更广泛意义的概念。认识到冲击地压的三个基本特征,就能够根据矿山压力显现的基本理论和方法、采取相应的监测技术和手段进行冲击地压的评价、监测、预警和治理。

如图 1 所示,在煤层开挖巷道后,围岩附近的地应力重新分布,巷道周围形成塑性破裂区,在此区域内由于煤体达到塑性状态,很难积聚大量的弹性能。若煤层上方存在厚大且坚硬的岩层(关键层),当煤层开采后,这些坚硬岩层会发生断裂,断裂产生巨大震动波传到巷道之后,有可能诱发巷道的冲击地压,摧毁巷道。这种类型的冲击地压是典型的动载荷诱发的冲击地压,即通常所讲的震源在远处破坏在巷道的煤矿动力现象。

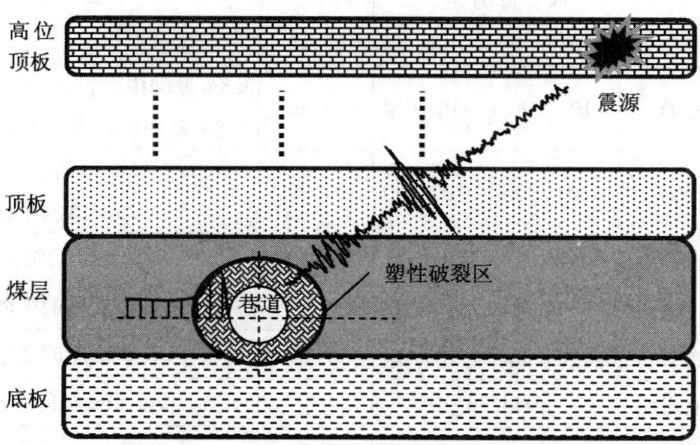

图 1　煤矿顶板断裂诱发冲击地压示意图

冲击地压的概念除了考虑围岩静力学特征外,强调了引起巷道破坏、形成灾害的外在原因,即外部动载荷的作用。因此,应当从围岩静载荷和外部动载荷两方面入手,找到冲击地压发生的机理,才有可能实现冲击地压的有效监测、预警和治理。

此外,2010 年中国煤炭产量超过 32 亿吨,由于冲击地压诱发和间接诱发的矿难死亡人数达数千人。因此,有必要将煤矿冲击地压作为一个单独问题看待,区别于金属矿山、隧道等硬岩巷道中发生的岩爆灾害。

2. 煤矿冲击地压的宏观预测

煤矿冲击地压的宏观预测的方法是根据诱发冲击地压的外部条件进行区域预测,其依据是覆岩空间结构理论、关键层理论和传统矿山压力理论。以山东华丰煤矿 1410 工作面开采过程中的冲击地压预测为例进行简要阐述。

1410 工作面采深达到 1000m,为一侧采空一侧实体煤工作面,煤层厚度 6.4m,综放开采,开采过程中,根据覆岩空间结构理论将能够影响工作面矿山压力显现的岩层划分为 6 组,底板岩梁划分为两组。如表 1 所示。

表 1　1410 工作面覆岩多层空间结构的划分

组别		高程范围(m)	厚度(m)	控制层
煤层上方	直接顶	−1049.40 ~ −1068.28	16.17	
	第一组岩梁	−1023.90 ~ −1049.40	25.50	3.8m 厚的中砂岩、4.5m 厚的细砂岩、4.8m 厚的中砂岩、9.5m 厚的细砂岩
	第二组岩梁	−986.00 ~ −1023.90	37.90	7.05m 厚的细砂岩和 3.35m 厚的中砂岩
	第三组岩梁	−975.50 ~ −986.00	10.50	6.6m 厚的细砂岩
	第四组岩梁	−965.95 ~ −975.50	9.55	9.55m 厚的中砂岩
	第五组岩梁	−944.35 ~ −965.95	21.60	7.65m 厚的细砂岩
	第五组以上岩层	−944.35 ~ 0		20.60m 厚的中砂岩
煤层下方	第一组岩梁	−1068.28 ~ −1079.09	10.81	10.10m 厚的中砂岩
	第二组岩梁	−1079.09 ~ −1099.35	20.26	9.36m 厚的中砂岩

对于华丰煤矿 1410 工作面,1409 已采空,当本工作面推进至见方(130m)阶段以后,会形成"S"型覆岩空间结构(图 2)。形成"S"型覆岩空间结构的过程,就是产生动压和诱发冲击地压的过程。

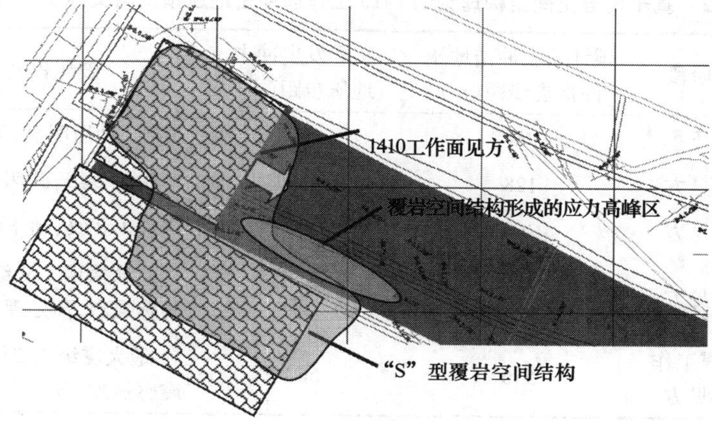

图2 1410 工作面开采形成的"S"型覆岩空间结构

根据以上分析分为冲击地压危险区(图3)。我们当时做了一个区域预警后,后来统计一下发生冲击地压的情况,我们很惊讶地发现,我们预计和实际推进步骤非常一致(表2)。

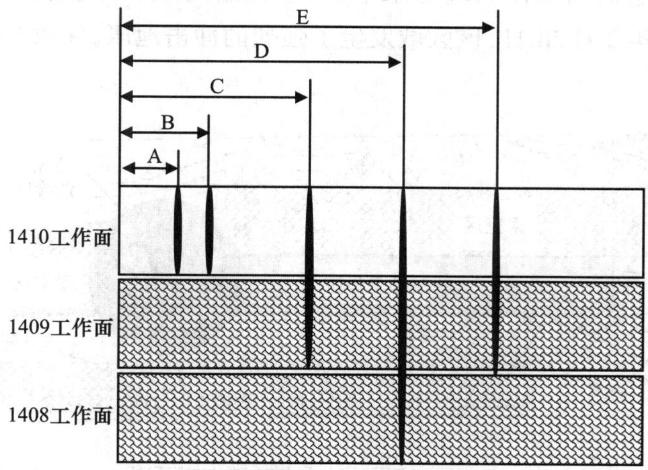

图3 根据覆岩空间结构理论预测的1410 工作面冲击地压发生位置

表 2　基于覆岩空间结构理论的 1410 工作面冲击地压预测与实际发生对比表

岩层运动阶段	预计发生冲击地压的推进步距(m)	实际发生冲击地压步距(m)	破坏程度描述
老顶来压	60	58	动压明显,无破坏
单工作面见方	128	130.7	震级 2 级,破坏巷道 170m
双工作面见方	268	280	震级 1.8 级,动压明显,无破坏
三工作面见方	432	402.7	2 次震级 1.9 级,工作面震感强烈,预处理及时,无破坏
两个放顶煤工作面第二次见方	536	560	最大震级 2.2 级,工作面震感强烈,预处理及时,无破坏

煤矿冲击地压的宏观预测必须充分考虑诱发冲击地压的外部条件,即关键层的运动和区域构造应力的影响,才能准确地划定冲击危险区。

山东古城煤矿 2103 工作面采深 1000m,工作面两侧均为采空区,工作面推进过程中,形成图 4 所示的孤岛区域。采空区上覆岩层的垂直应力转移至该孤岛,导致两个巷道和工作面应力水平非常高,因此,该区域是强烈的冲击危险区。在 2009 年 2 月 28 日,该区域发生了强烈的冲击地压,导致 1 死 5 伤的严重后果。

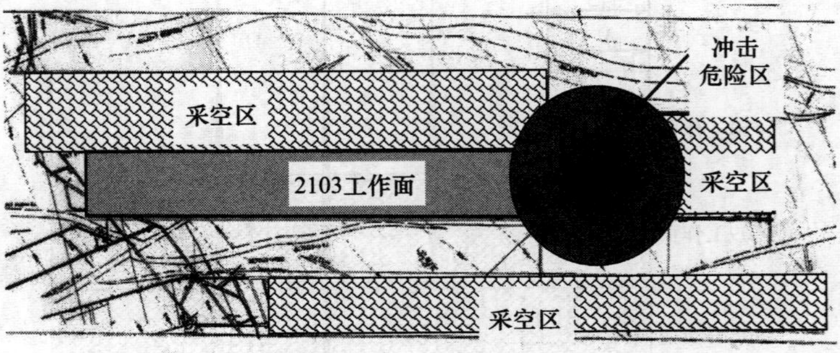

图 4　古城煤矿冲击危险区宏观预测

图 5 是山东朝阳煤矿发生冲击地压的情况,3110 工作面采深 900m,两侧采空,且属“刀把型”工作面,在推进过程中扩面。扩面位置处存在一条断层,形

成三角形应力集中区。2011 年 4 月 1 日时发生一次冲击地压,1 人死亡,7 人受伤。冲击地压发生位置与预警结果完全一致。

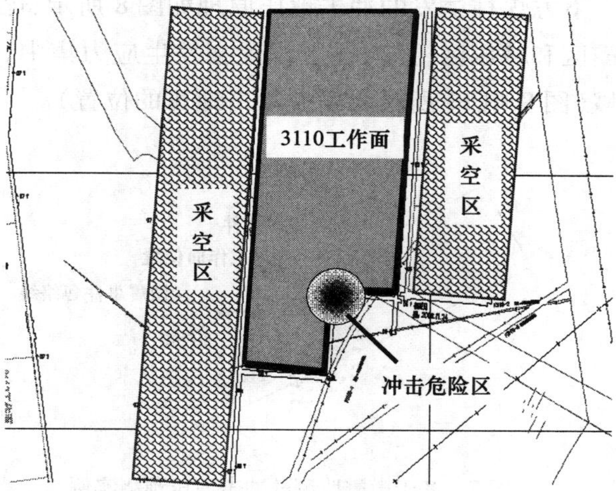

图 5　朝阳煤矿 3110 工作面冲击危险区预测

3. 基于微震监测的冲击地压预警技术

岩层破裂发生在应力差大的区域,因此,如图 6 所示,岩层破裂区总是与高应力差区域相重合,并与高应力场区域相接近。由此可见,只要监测到了岩层破裂区域,即可找到高应力场区域和高应力差区域,冲击地压的发生与这两个区域密切相关。

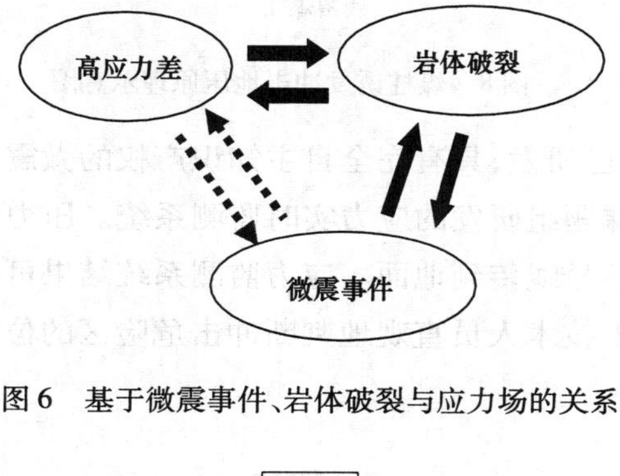

图 6　基于微震事件、岩体破裂与应力场的关系

山东华丰煤矿 1410 工作面开采过程中,微震事件出现明显的分区性,如图 7 所示。在微震事件包络线附近,由于下方煤柱的作用形成应力集中区,是冲击地压危险区。下方煤柱诱发的冲击地压原理如图 8 所示,煤柱支撑作用会使两侧形成强减震区和减压区,强减震区位置会发生应力集中,也就是能导致冲击地压关键区域(图 8 中 11 所示为发生冲击地压的位置)。

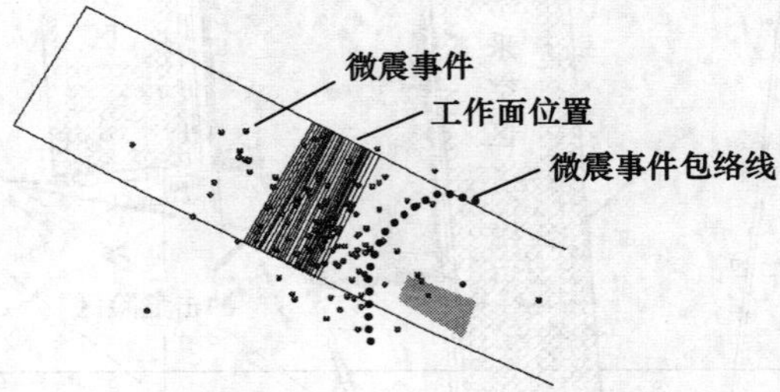

图 7　基于微震监测的冲击地压预测实例

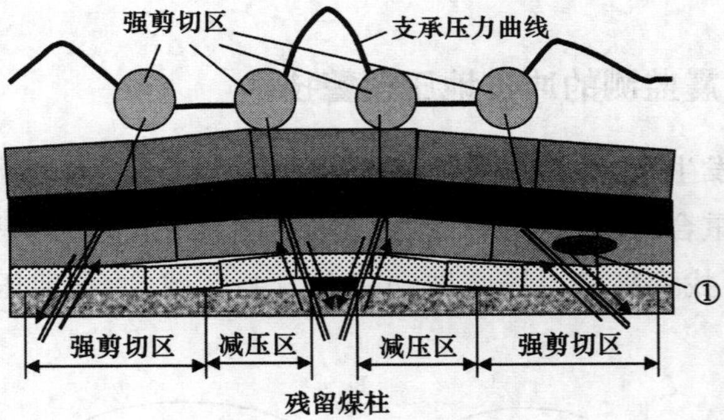

图 8　煤柱诱发冲击地压原理示意图

图 9 是我们自己研发,具有完全自主知识产权的微震监测系统结构图。

图 10 是我们课题组研发的应力实时监测系统。压力传感器布置在煤层工作面内,数据通过信号线传到地面。应力监测系统结果可以通过插值算法用云图方式显示,使矿上技术人员直观地判断冲击危险区的位置和危险程度。

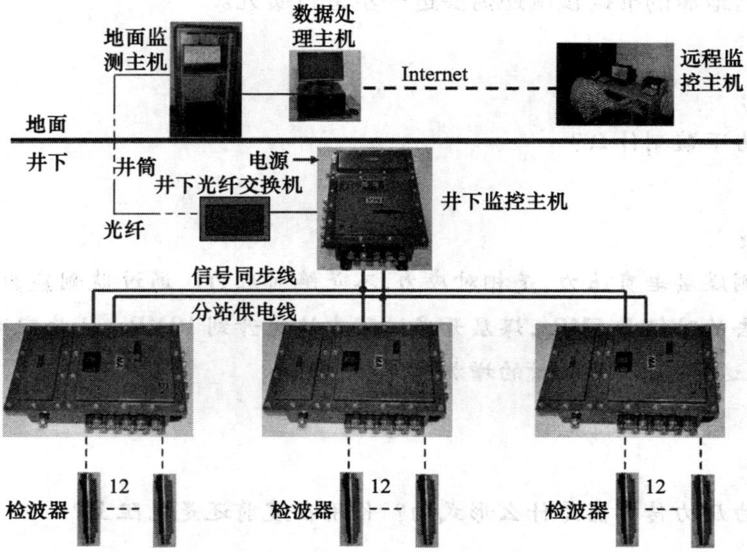

图 9　KJ551 微震监测系统结构

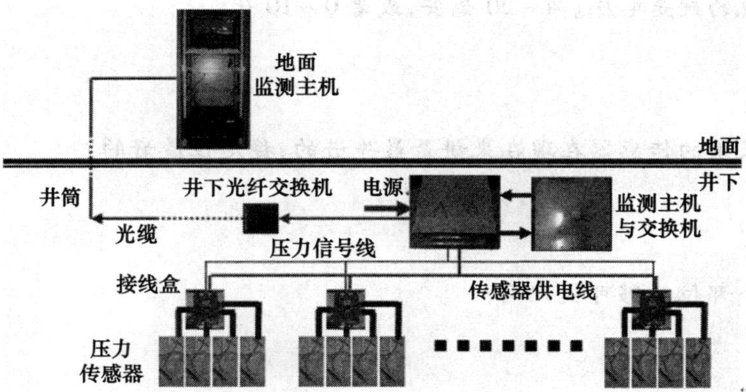

图 10　KJ550 应力实时在线监测系统

4. 结论

煤矿冲击地压的机理还未完全认知，其预测预报仍是学术界难题。微震监测技术和应力实时在线监测技术为冲击地压预测预报提供了一条新的途径，但实现冲击地压的准确预测还需要进一步进行研究。

傅冰骏：

应力下监测什么？

王存文：

监测煤层垂直压力，是相对应力，不是绝对应力。通过监测应力变化，步入刚装进去的时候是5MPa，煤层开采过程中快速升到10MPa，认为它有一定的危险，通过这种手段，是相对的增加，不是绝对的。

汤　雷：

应力压力传感器是什么形式的？作用在震前还是电阻上？

姜福兴：

他说的就是电压。4～20毫安，或者0～10伏。

王存文：

所采用的传感器在现在来讲是最先进的，稳定性最好的。

张镜剑：

各个部位能够可视化吗？

王存文：

可以，我们用10秒钟采一个数，基本可以完全保证它的实时性，工作面推采过程中，过程可以实时看到。横轴代表离开巷道距离，纵轴代表孔的深度。随着工作面往前推进，应力变化可以看得很清楚。我们每一组打了2～3个孔深应力机，每一个测点打两个，一个8m，一个14m，一个浅，一个深的，这样做差值计算就有依据，而不是以往就打一个点，比如打5m深、8m深，只能代表一个点位置的应力状况，我们打不同深度可以进行差值分析。

张镜剑：

怎么判断没显？

王存文：

我们有一个判别机制，超过多少认为没显，还有应力变化速率，每个矿情况不太一样，但是通过这两个指标，一个单值，另外一个是变化速率。

张镜剑：

变化速率很重要，如何根据速率来判断可能要发生破坏，有没有数据标准？数据多大就要爆破了？

王存文：

每个矿情况不太一样，这一个判别机制不可能应用所有矿，每个矿情况都不一样。

张镜剑：

每个矿有每个矿的特点，但是没有一个规定，怎么预报？地点没问题，判断大小才好采取措施。

王存文：

两个因素，一是单值某一点应力超过一定值，我们认为比较危险；二是变化速率超过某一个值，我们认为比较危险。但具体值每个矿不太一样。

姜福兴：

这套系统原理是基于钻取法，不能老去测，监测到应力反应和钻取量，一开始装上 8MPa，到 13MPa 时有对应关系，每个矿不一样，用这个标定的值，图旁边有一个标,比如标到13MPa,把它标成黄色,到18MPa变成红色。整个理论依据是基于大容量钻取量冲击地压在线监测预警。到红的第一反应就是停产,去处理,处理完了以后再往前走。第二个理论依据,只要保证走的那个地方处于低应力状态,无论外面怎么震动,外面有矿震传过来,但是这个地方永远是低应力,就不会冲出来。不是预报什么时候来矿震,而是矿震来的时候是安全的。

张镜剑:

用红颜色表示危险,只要不到红颜色就可以继续干。

尚彦军:

有断层,监测的是它多次折射回来,还是直接从一个点出来的,有没有可能断层是张开的,不传过去了,反射回来,也可能你接收到新的巷道是二次反射,不知道现在技术上是否能处理?

王存文:

在开采过程中,对于断层稳定性的监测非常重要。通过微震监测技术,对于比较危险断层,可以划定断层区域,在断层区域内能量变化,假如在工作面推采过程中一直在集聚,认为断层比较危险;假如工作面推采过程中没有活动,认为是稍微安全的。从实用角度来讲,对断层本身能量的释放进行分析,再进行预警。

尚彦军:

现在把断层作为一个产生矿震的圆点,比如我们开挖爆破以后,爆破能量传到断层,然后再返过来,或者有一个滞后,有这个实验吗?

王存文:

我们没这么做。

方祖烈：

这次参会人员的组成有一定缺陷，研究煤矿的多，研究金属矿的少。冲击地压定义为煤矿特有的显现，这是不对的，其实应该包括煤矿，金属矿，如铁矿，有色金属矿，稀有矿，我们国家最大的冲击地压发生地是江西钨矿，一片老矿区，开采年代很久了，而且面积扩大，扩大到一定规模时，突然大规模坍塌，这次冲击地压造成江西钨矿大面积停产。冲击地压是所有地下矿山的共同特点。金属矿没有像煤矿这样如此重视冲击地压的监测、机理研究，煤矿是没有办法了，金属矿到目前为止这个问题还不是十分突出，但江西钨矿这次很突出，因为年代太久了，空间面积太大了。将来我们如果有机会再探讨冲击地压时，要把金属矿有冲击地压历史和现状的相关专家请来，他们也有一些独特做法，关于监测、监控也有一些独特做法，跟我们煤矿有区别，是有特色的。

姜耀东：

矿山中叫冲击地压，水利水电中叫岩爆。煤矿为什么走在金属矿山前面？工程不做这个事就没法采了。

齐庆新：

工艺里必须得有这个工艺，要不然构成不了一套工艺循环。

张镜剑：

这次煤炭32亿吨量太大，影响特别重要，所以政府尤其重视。钨矿年产量无法跟煤炭比，是这个原因。关键是产量决定研究人员多研究煤炭。

尚彦军：

前面报告提到一个很有意思的问题，随着深度增加，地应力增高，VP增大，越往下密度越高，我们搞隧道时挖出来不是这么回事，在山根的地方挖出来都是破碎的。这个现象我还没考虑明白。

齐庆新：

几年前大家提过生物开采，进入生物以后，煤体成流变，浅部可以是完整的岩体，进入800m、900m、1000m就变成相对不那么完整，但是没有扰动条件下，感觉没事儿，非常完整，但是到了采动，马上变成另一个东西。

何满潮：

到深部发生突变，突变理由非常简单。最后关系归结到力学，力学基本问题就是荷载和强度。存在一个临界，深部一定要讲临界，今天好多人讲深部，深部不是像国外说1200m以下就是临界，300m是临界，不是这样的，深部一定要有深部现象，到某一个深度才有深部现象，不到那个深度就没有那个现象。什么叫深部？深部就是临界深部出现深部科学现象的深度以下的那个区间，才叫深部。深部是深区间，要出现科学现象。临界深度怎么出现和物理含义是什么？在数学上有一个表达，有一本书里面很系统地研究这个东西，在构造应力场存在情况下，深部存在什么，重力场情况下是什么，扰动情况下是什么。VP的变化是临界深度，临界深度以下和临界深度以上要变，因为介质的强度天生是不变的，但是荷载从上到下一直在变，一直增加到受不了，在此之前基本上接近于无破坏的状态，之后进入塑性状态。在塑性状态和弹性状态以外的VP状态不一样。煤炭临界深度不是一个，它的复杂性在于煤矿多种岩层，每一种岩层都有临界深度，最软的临界深度是属性发生变化，那个岩层叫上临界，就像塑性力学有一个上临界、下临界，它也有。煤矿强度最高的岩层是下临界，是最后进入状态再转化，这时候就构成上临界和下临界。在这之间整个VP变化还是比较复杂的。

齐庆新：

第二个问题，根据勘测怎么能对应上？

潘一山：

在煤矿当中也发生这个问题，随着向深部开采，其实破坏越来越致密，现在从实验结果，做实验，围压小的时候，可能一道剪切裂纹，或者锥形的，当围压再大时，就出现两道，围压大到一定程度就非常致密了，网是越来越小，间距越来越小，所以这可能和你看到的是否有一定对应性。比如往深部去的话，破坏间距是变小的。

尚彦军：

同样密度的岩石在不同深度表现不同。

潘一山：

更破碎了。

齐庆新：

你说的这个问题在实验室测进行三轴 + 声波测试，结果马上能出来。

爆破预裂控制岩爆对策

◎汤　雷

1. 岩爆需要一个定义

围岩变形形式有缓慢变形、急剧变形，以至于岩爆。在煤矿巷道里围岩变形甚至伴随着声响，都还被认为是正常的围岩变形范畴，可是在水工隧洞中有时甚至将片帮也认为是一种弱岩爆。是否是岩爆，对成本影响很大。防护措施、控制方法不一样。如果片帮被认为是弱岩爆，工人就不愿意进洞，这样工程进展不了。所以我感觉应该有一个定义。现在往往用围岩移动速度来区分岩爆，有动能的认为是岩爆，也有说围岩变形后离开原来位置的是岩爆。所以就经常看到文章说岩爆多发生在拱顶拱脚，这个在力学上说不通。在实践中这些方法并不明确，因为普通的围岩变形也有变形速度，但不是岩爆；而片帮下来的岩体一般都不会回到原地，也不是岩爆。而底板发生弱岩爆弹出的岩体一般又会回到原地。因此岩爆需要一个明确的定义。关于这个定义我建议还是从本原出发，岩爆定义要抓住“爆”字，就是速度比较快，会造成伤害，并且是先快后慢的才能算为岩爆。

2. 岩爆与围岩变形破坏的模式一致性

就是发生平行于自由面的开裂，这是由于地下工程围岩一般是处于平面应变力学状态所决定的。

3. 岩爆的控制原理

从应变能的角度，岩爆就是围岩中蓄积的应变能超过了围岩的蓄能极限 A_1，破坏过程中多余的能量 A_2（$A_2 = A_1$ + 破坏过程中周围岩体补充进来的能量

A_3 - 破坏所消耗能量 A_4)要以动能宣泄出来,这就是产生了岩爆。

这句话表明治理岩爆可从三个方面着手,第一是提高蓄能极限,就是增大 σ_3,比如衬砌、钢架支护(不能做到密贴围岩,效果有限);第二是增大围岩破坏时所消耗的能量,降低卸载模量,比如锚杆锚固。脆性岩石破坏时消耗能量小,容易发生岩爆,采用锚杆锚固后,卸载模量降低了,围岩破坏时消耗的能量增大了,就不容易发生岩爆了;第三减小围岩中蓄积的能量,一般就是降低 σ_1。开挖以后,在隧道周围形成应力重分布,σ_1 是增加的。我们在实践中也考虑采用爆破预裂的方法降低 σ_1。在掘进面前面或者附近打钻孔、爆破,把应力卸载。该方法要注意施作的时机,掘进面已经推过去 2 ~ 3 倍洞径已远了,此时施作爆破预裂反而有可能诱发岩爆。爆破预裂的关键点在"预"字,即在掘进面之前或者掘进面附近。还有就是切断围岩体能量相互补充的途径,这在实践中还没见过。

4. 可控的不发生强烈岩爆的极限埋深

在目前的支护能力下,在坚硬完整的岩体中开凿隧洞,不发生强烈岩爆的极限埋深是多少?这个问题仅就一条隧洞讨论,不考虑硐室群或者采矿空间情况。先来估一下,目前的工程经验,500m 应该没问题,但是到了地幔软流层的深度则没有可能(注:该深度一旦开挖隧洞出现自由面和降温,围岩会立即变成脆性,而应力还会增大),可见这个问题是存在的。

强烈岩爆的特征是它的应变能会得到周围岩体持续补充,使得岩爆得以持续,这样岩爆规模才能大。对于具有岩爆倾向性的硬脆性岩体,要使岩爆不发生,首先要使岩体中蓄积的能量不超过其他蓄能极限。我们要考察一定范围内的岩体,它的总应变能主要由赋存深度(应力)和岩性决定的。围岩中某一单元体最大储能能力是由岩性决定的,开挖后,则明显受到应力状态的影响。σ_1 升高、σ_3 降低,$\sigma_1 - \sigma_3$ 为主应力差,其在围岩径向分布为径向应力梯度,它是可人为控制的可影响围岩蓄能极限和所蓄积能量的因素。大直径隧洞梯度陡、小直径隧洞缓,越陡则蓄能能力越小。在掘进面附近,我们几乎没有能够明显增加 σ_3 的支护措施。通过爆破预裂等方法可以降低围岩中 σ_1,使其峰值向围岩深部转移,将应力梯度变缓。极限埋深取决于岩性和应力状态,能够略作改变的是应力梯度，具体是它决定了能够达到的极限埋深。

5. 爆破预裂法应用

下阪地引水隧洞某洞段埋深均在 550m 以上，坚硬完整的片麻岩和花岗岩，发生了中等强度的岩爆，工人不进洞子工程停工。2006 年，采用爆破预裂法，周边钻孔孔深 3m，间距由 0.5m 改为 0.3m，由 34 个孔增加到 57 个孔，增加 23 个孔。装药量由 200g/m，改为满孔装药 600g/m。取得了较好的控制效果，目前已贯通通水。

6. 岩爆与冲击地压

岩爆和冲击地压有本质相同点，都是岩石的突然破坏。但是这两个之间还有一个本质不同，就是岩爆有几个要点，其中一个是开挖卸压。因此一般岩爆发生时间与开挖时间都比较接近。但是对冲击地压来讲，一条巷道放在那里一年两年可以不发生冲击地压，但是如果两三年以后其他地方开采了，大面积采空，顶板突然断裂，这个巷道依然会发生冲击地压。

并且两者可预报性也有所不同。冲击地压一般是由于煤矿里出现大范围应力转移，该应力转移和采动影响是有关系的，通过大范围应力监测，看应力向什么地方转移汇集，这个可预报性还好一些。单独的隧洞岩爆预报为什么很难？难就难在我们对岩性一直测不准。

总结发言

◎何满潮

由中国科学技术协会主办,中国岩石力学与工程学会承办的第51期新观点新学说学术沙龙就要结束了。本次学术沙龙主题是岩爆机理探索,参加本次学术沙龙研讨的有来自欧洲的国际岩石力学学家L. R. Sousa教授,有来自国家总参科技委、中国科学院相关研究所、高等院校等单位的26名专家学者,与会专家就目前国际岩石力学界突出热点问题——岩爆机理进行充分交流、争论和探讨,在很多相关岩爆机理方面展示了不同学者最新的进展和最新的认识。

为了更好地集中讨论学术问题,我们这一次学术沙龙分为三个学术讨论单元进行:第一单元集中讨论岩爆的现象、机理等理论和模型分析;第二单元聚焦于岩爆的实验系统的研发、控制措施和风险评估;第三单元专注于实际工程的岩爆预测和预报方法。

在第一单元学术讨论中,钱七虎院士作了"岩爆机理的简化分析及决定性参数的思考"主题发言。这篇文章有两个方面值得关注:一是从动力学角度开始研究和思考岩爆问题;二是用理论上的简化模型进行岩爆现象定量化分析。

在第一单元还有窦林名教授静力学作用下的扰动诱发岩爆冲击方面的发言;张镜剑和傅冰骏研究员的"岩爆机理的探索",他们把国内外的信息全面进行展示,而且在总结基础上,有新的提高、新的提炼;姜福兴的岩爆机理探索,姜耀东关于岩爆冲击地压的机理,预报和防治思考、潘一山教授缓冲材料的吸能机理和防冲支护的研究都讲得很精彩;在这个单元里,大家发言非常踊跃,唐春安教授卸载岩爆过程的数值试验研究,王明洋和王学滨教授用理论分析、数值分析方法对岩爆机理进行探索,周辉研究员关于深埋隧洞围岩破裂结构特征及其与岩爆的关系,周小平对深部裂隙岩爆定来的预测研究,从不同方面展示了他们的思考和成果。

第二单元是关于岩爆实验研究、控制措施和风险分析。何满潮教授就开挖引起的岩爆和诱发引起岩爆的两个实验系统及岩爆实验现象进行了系统的讲解,讨论了岩爆机理及其准则。孙晓明教授关于恒阻大变形锚杆控制岩爆灾害的技术,汤雷教授做的围岩体应变能和控制原理,潘一山教授控制岩爆新材料的研究,齐庆新教授关于岩爆破坏的理解和研究,窦林名教授相关控制岩爆的支护刚柔结构等,都讲解得很好,精彩纷呈。

第三单元是关于工程中的岩爆预测和防控方法。姜耀东教授关于冲击地压理论、机理、预报、防护方面的思考;谭云亮教授关于冲击地压可预测性的基本认识;齐庆新教授关于冲击地压的相关性研究,对冲击地压的再认识,特别是对控制方面有新的思考。这一组发言,专注与工程中岩爆如何采取监测措施和防控技术方面。随后姜福兴教授的发言对机理、预测、监测和控制方面都有新论述。

本次学术沙龙有如下收获:

(1)通过争论和讨论,对岩爆的机理、定义和分类有进一步的理解:

1)强烈压缩围岩突然卸载后发生的岩爆现象,并把岩爆科学抽象成连续介质和非连续介质,进行定量分析;

2)非强烈压缩破损岩体由于爆破诱发、断层错动诱发、顶板破断诱发导致稳定岩块系统的失稳也可以发生岩爆。煤矿系统中的已开挖巷道的冲击地压大多是这种情况。这是昨天大家争论后的新认识。

高压缩岩体岩爆和开挖后诱发岩爆(低压缩岩体受二次扰动)两大类型,可以用相应的两套系统进行室内岩爆现象实验。

3)在讨论中认为冲击地压属于岩爆范畴的观点,也有学者提出岩爆是属于冲击地压的范畴的特点。有的学者提出岩爆和冲击地压是可以发生在表面,同时也可以是发生在岩体内部的动力学现象。就是说表面并没有破坏,是否也可以叫做岩爆。内部响了,表面没有坏,也可以叫做岩爆。

(2)本次会议在研究岩爆的方法论上有重要进展,具体表现为:

1)从过去我们比较注重静力学研究,现在逐渐转入到注重动力学来研究岩爆问题,特别是研究这种应力状态可以改变岩石的脆延性,加载速率也可以改变岩石的脆延性,也可以改变岩石的强度。这就是加载速率改变了物质特性。

在速率变化为什么多出一块能量，就是这样造成的。

2）不仅从岩石材料方面考虑岩爆特性，更重要是从工程系统的角度理解岩爆现象。我个人的观点是岩爆是一个与材料有关的现象，但是更是一个工程岩体系统产生的动力学破坏。岩爆与岩石材料的脆性破坏有重要区别。其一是脆性破坏时有优势结构面，如剪切破坏面、拉张破坏面等。岩爆的破坏面，是随机的；其二是岩爆破坏时下来的颗粒弹射过程中，在空间要旋转，而脆性破坏下来的颗粒不会旋转。其三是岩体破坏新需要的能量高于静力学试验中的脆性破坏的能量。正是由于这个多余的能量把静力学破坏造成的碎块变成速度。因此，我们可以想象，岩爆产生有两个阶段，第一阶段是静力学破坏，使岩石裂隙化成碎块，然后高于静力学破坏的能量把碎块变成速度抛出去。

（3）在防控岩爆的理念上有重要进展。研究岩爆防控支护的目标是保护工人的生命，我们要支护，不是写一些文章，搞一个计算就行了，要真枪实弹保护工人生命，岩爆防控支护的理念和新材料，在理念上有重要转变，在新材料上有重要的突破。

在理念上，我们过去的做法是锚杆不行用锚索，锚索不行用钢架，U25 不行用 U29，不断在加强，这种高刚高强支护的思路是我们过去的方法，道高一尺魔高一丈，来硬的，玩横的，我们过去一直这么干的。这次会上展示了一种新的观念，强调刚柔性结合的观点，而且更强调柔性在其中的作用。刚性和柔性结合，来对付岩爆。过去什么支护材料，冲击地压来了都要坏，今天可能是一个新的转折点，讨论了一些冲击地压时不坏的材料，但不一定彻底地解决。

在这个理念指导下，目前有学者提出泡沫铝合金材料能够大量吸收能量，又提出刚柔层结构，还有把结构和材料性能基于一体，叫做刚柔层恒阻大变形，合在一块的新材料出现，这让我们看到了我们可以对付岩爆的一线曙光。

（4）可以形成一条防控岩爆和冲击地压的技术路线。过去对岩爆和冲击地压讳莫如深，通过这次会议，可能能够理出研究、监测、预测和防治的一条有效思路，把大家目前所取得的成就综合起来，加以结合，有可能探讨出一条研究、监测、预测、预报和防治的一条思路。通过研究可以预测某个地方有可能发生岩爆，我们监测手段就上去，不能所有地方都监测，全国有多少煤矿，去年公布是 1.2 万个，现在公布 8000 个，8000 个不可能都出现岩爆，要研究，哪些矿有这个事,就可以重点对哪些矿进行监测。我们现在监测出来的参数,裂纹出现可能是岩爆出现的裂纹,也可能是破坏出现的裂纹,都会给你一个波,哪个波是,哪个波不是,接收这个信号不能100%肯定它就是岩爆。

我现在不敢保证100%,但是70%、80%是可能的,这就很好。不是所有矿都采取措施,而是把矿里这个面能够取得某些地区预测是危险区,这里可能70%出事,30%不出事,怎么办?真正对我们危害的不是预报准的地方,预报准的地方采取措施就没有问题,预报不准的那个地方真正出事,怎么办?把准与不准的地方都加以防治,形成我们现在研究监测、预测、预报和防治完整的思路。先要有一个办法,预测不准先花点钱,能否形成这样一思路,组成一个团队走出中国特色的一条路,来挽救我们工人同志的生命。

(5)在哲学层次上提高新认识。昨天和同志们讨论,规模那么大,能量那么大,一测就是多少焦耳能量,这个东西究竟行不行?在这方面有两个认识:

1)结合煤矿情况,我下了20多年矿,每次下煤矿,都对现场工作技术人员表现出极大的敬畏。我们知道,盖房子荷载和强度非常清楚,有多大的荷载用多大强度的梁柱板,就可以对付,这个结构是可以设计的,没有问题,保险系数达到多少,煤矿不行,下面多大支护荷载,用多少强度,我觉得不是谁说了算,目前所有研究这方面的教授都回答不了。更重要的是煤矿荷载、强度和抵抗荷载的物质在互相转化,在一定时空条件下是承载体,过了一定时间又变成载荷,我们弄不清楚。

《毛泽东选集》第一卷第一篇文章第一句话说:“谁是我们的敌人?谁是我们的朋友?这个问题是革命的首要问题。”我们在和煤矿灾害作斗争的过程中,谁是我们的荷载,谁是我们承载体,我们一直没弄清楚,但是煤矿支撑着我们国家70%的能源,在弄不清楚的情况下,我们每年能产出30多亿煤炭,支撑了我们国家的建设,也就是说这么一群专家、这么一群煤炭战线工人还不值得敬畏吗?不过他们的代价太大了,因为在敌我情况不清楚的情况下,去打这个仗,我们的代价就是伤亡。老说煤矿没有科学,煤矿是目前的科学还解决不了的科学,包括其他矿山也可能是这个问题。连我们这些专家都说不清楚的事情,但是工程照样进行,每年70%能源,32.5亿吨,占全世界46%的产量。我对这种大无畏的革命精神特别敬畏,我自己就勤勤奋奋工作,做一点实验,弄一些数据。在座的科学家们要培养和煤矿工人的感情,要把他们当做我们兄弟、亲人,在这种感情基础上认真为他们做工作。

2)这个仗究竟能否打赢?岩爆的发生是在工程作用力的驱动下,工程围岩沿着工作面发生的突然释放的现象,这种工程作用力包括静的和动的两种作用力,是绝对的。这种工程作用力和围岩相互作用以后的响应是相对的,工程围岩的范围,受这种工程作用力影响的范围还是有限的,围岩岩爆的能量也是有限的。因此,只要是有限的,就是可控的,但目前的研究可能还不够。

专家简介

窦林名

1963年生。现任中国矿业大学煤炭资源与安全开采国家重点实验室主任，国家重点学科“采矿工程”学科带头人。主要从事采矿工程、冲击矿压、岩爆、采矿地球物理学等方面的科研和教学工作。以岩层运动与围岩应力场为基础，研究提出了煤岩体的强度弱化减冲理论、巷道的强弱强结构效应，形成以综合指数法、矿震法、电磁辐射法和钻屑法为一体的监测技术，以松散煤岩体为主的治理技术，以柔性蓄能为主的防冲支架与支护技术。主持承担国家“973”课题“深部煤岩动力灾害的前兆信息特征与监测预警理论”、科技支撑计划课题“采动动力灾害监测、预警与控制关键技术”、国家自然基金、波兰国家科学基金、国际合作等科研项目20余项，企业合作研究项目40余项。成果获国家二等奖，波兰采矿奖，孙越崎青年科技奖，省部级二等以上奖励14项；指导的博士研究生获全国百篇优秀博士论文1篇；出版著作8部，发表论文170余篇，其中被SCI等收录90余篇；专利10项。

方祖烈

1935年生。北京科技大学资源工程学院教授，博士生导师。长期从事岩石力学和采矿工艺原理研究工作。参加国家“金川资源综合利用”科技攻关，先后获国家科技进步奖三等奖和部级科技进步奖二、三、四等奖各一项；主持冶金部地下矿山难采矿体开采技术攻关和新采矿方法试验研究，先后获省、部级科技进步奖一、二等奖；主持“金川二矿区二期工程无矿柱大面积连续开采稳定性及控制技术研

究"获部级科技进步奖二等奖。1995 年以后还主持 2 项国家自然科学基金项目，在爆破模型全场应力定量研究方面取得重大突破，其主要成果刊登在《中国科学技术文库》。取得实用型国家专利 2 项（深孔气动装药装置，地下巷道支护装置）和国家发明专利 1 项（固态乳化复合粒状炸药及其制造方法）。1986 年国家科委授予"科技攻关先进个人"称号，1993 年冶金部授予"地下矿山科技攻关作出突出贡献专家"称号。已出版专著 3 本，发表论文 70 多篇。

傅冰骏

1930 年生。现任中国岩石力学与工程学会顾问，《岩石力学与工程动态》主编，国际岩石力学学会古遗址保护委员会委员，中国锚固与注浆技术协作网副理事长等。曾应国家自然科学基金委、中国国际工程咨询公司、水利部、电力部、中国三峡工程总公司、意大利 Geodata、德国 Züblin 等单位邀请参加了三峡、小浪底、二滩、鲁布革、天生桥、龙滩、李家峡、引黄入晋、抚顺露天煤矿、金川镍矿等工程及国家科技攻关项目的审查或咨询。此外，还参加了世界银行特别咨询团（SBC）对鲁布革、二滩水电站的国际咨询活动。发表论文 119 篇（其中 19 篇在国际发表）。参加或负责编译图书 16 本，其中主编《英汉岩石力学词汇》，合作主编 *Frontiers of Rock Mechanics and Sustainable Development in the 21st Century*，作为副主编的代表性书目有：《中国岩石力学与工程世纪成就》、《岩石隧道掘进机（TBM）施工及工程实例》、《锚固与注浆技术手册》、《工程地质与岩土工程英汉－汉英词典》。

何满潮

1956 年生。教授，博士生导师。现任中国矿业大学（北京）力学与建筑工程学院院长、深部岩土力学与地下工程国家重点实验室（北京）主任。国家深部煤矿软岩工程研究领域有突出贡献的中青年专家，国土资源部地质灾害防治应急专家，国家自然科学基金重大项目（项目编号 50490270）首席科学家，"973"计划项

目(项目编号 2006CB202209)首席科学家。多年来,潜心致力于煤矿软岩工程技术难题研究,把工程地质学和工程力学相结合,形成了适合于软岩大变形特点的理论与技术,并应用于工程实际,取得了显著的经济效益和社会效益,为推动煤矿软岩工程科技进步做出了大量工作。先后主持和完成了国家杰出青年基金(项目编号 59825114)、国家教委跨世纪人才基金(项目编号 1995－1998)、国家自然基金重大项目(项目编号 50490270)、国家“973”计划(项目编号 2006CB202209)、教育部创新团队(项目编号 IRT0656)等 10 余项国家级重要基金项目以及其他科研项目 30 余项。获国家科技进步奖二等奖 3 项(第一获奖人);获国家发明专利 11 项;出版专著 5 部,发表学术论文 160 余篇,被国内外收录引用 1871 篇次,其中,SCI、EI、ISTP 收录 130 篇。

姜福兴

1962 年生。北京科技大学土木与环境工程学院资源工程系主任,北京科技大学微地震监测研究中心主任。主持或参与了国家“973”项目、“十一五”国家科技支撑计划、国家自然科学基金重大国际合作项目、国家自然科学基金重点项目、面上项目、国际合作项目等国家级项目 10 多项,为矿山企业解决重大动力灾害控制难题 20 多项,承担完成了企业委托项目 100 多项,研发的“煤矿工作面顶板控制设计专家系统”在已作为煤炭行业技术标准之一在全国执行,使用单位不仅大幅度降低了顶板事故,而且取得了良好的社会效益和经济效益。开发了具有国际先进水平的“高精度防爆型微地震定位监测系统”和“冲击地压实时在线监测预警系统”,已经在全国 20 多个矿山推广,成功预警了多次重大动力灾害,取得良好的社会效益和经济效益。逐步形成了矿山动力灾害“多因素耦合评价－实时监测预警－控制－防护－工程管理”的实用理论和技术体系。发表学术论文 130 余篇,出版著作 3 部,获得国家科技进步奖 1 项,孙越崎青年科技奖 1 项,省部级科技进步奖 12 多项,获得实用新型专利 3 项,发明专利 5 项。入选“国家百千万人才工程”第一、二层次人才。

姜耀东

1958年生。教授，博士生导师，中国矿业大学(北京)副校长。国家“973”项目“煤炭深部开采中的动力灾害机理与防治基础研究(项目编号2010CB226800)”首席科学家。多年从事工程力学、岩石力学理论与采矿科学技术研究，作为负责人或主要参加者先后承担了澳大利亚重点自然科学基金(LARC)，国家“973”项目、国家自然科学基金重大项目、国家科技支撑计划项目、博士点基金等纵向、横向科研项目70余项，其研究成果水平均达到国内外先进水平。目前已在国内外学术刊物和学术会议上发表论文100余篇，出版专著3部。先后组织了在国际上产生较大影响的99′国际采矿科学与技术大会和第29届计算机在矿业中的应用国际学术大会。

潘一山

1964年生。教授，博士生导师，辽宁工程技术大学校长。主持、负责、参与完成国家级科研项目15项、省部级项目17项、企业委托课题60余项，国家重点基础研究发展计划“973”项目之课题三(项目编号2010CB226803)负责人、国家自然科学基金重大项目之课题五(项目编号50490275)负责人、国家科技支撑计划项目之课题六(项目编号2006BAK03B06)负责人、国家自然科学基金项目(项目编号19772015、50374040)主持人、7项省(部)级项目及52项企业委托课题主持人。在国内外期刊发表论文百余篇，SCI、EI收录60余篇，出版专著2部，发明专利1项。曾获国家科技进步奖二等奖、中国煤炭工业协会科技进步奖一等奖、国家安全生产监督管理局科技进步奖二等奖、国家煤炭工业局科技进步奖三等奖。

齐庆新

1964 年生。博士，研究员，博士生导师，国家"653"工程采煤工程专业领域首席专家。现任煤炭资源高效开采与清洁利用国家重点实验室副主任，煤炭科学研究总院安全技术分院党总支书记兼副院长。主要致力于冲击地压、矿山压力与岩层控制、采煤方法、岩石力学、煤矿安全等理论与技术的研究与开发，主持制订完成"煤矿科技术语·岩石力学"GB/T16414－2008 等国家标准 19 项。主持完成的项目包括"十五"国家攻关项目专题"顶板事故动态仿真模拟系统研究"、国家重点基础研究发展计划（"973"项目）课题"采动裂隙场时空演化与瓦斯流动场耦合效应"、国家自然基金项目"高强度开采采动诱发冲击地压与瓦斯灾害机理研究"、国家"十一五"科技支撑计划重点项目专题"深部开采煤岩动力灾害多参量识别与解危关键技术及装备"等 20 余项国家级项目（课题），现正在承担的项目包括：国家油气重大专项任务"采动区裂隙带微震监测技术与装备"、国家重点基础研究发展计划（"973"项目）课题"深部煤矿动力灾害的综合防治理论与解危方法"、"煤层群煤与瓦斯共采时空协同机制及技术优化方法"等。完成的"煤矿冲击地压预测与防治成套技术"、"冲击地压预测与防治"等成果获国家科技进步奖二等奖和省部级科技进步一、二、三等奖共 8 项，孙越崎青年科技奖 1 项，发表论文 100 余篇，专（译）著 6 部。

钱七虎

1937 年生。教授，博士生导师，中国工程院院士，总参科技委常委。现任教于解放军理工大学。长期致力于国防科技的教学与研究工作，创立了防护工程理论体系；解决了冲击波作用下土与结构动力相互作用的系列重大理论问题；建立了应力波与结构相互作用的三自由度计算理论、相互作用荷载理论以及爆炸波作用下三相饱和土与结构动力相互作用模型等；针对高科技抗常规武器的威胁给防护工

程带来的新课题，运用固体力学和爆炸侵彻理论初步建立了岩体及遮弹防护结构中的破坏机理和实用计算方法，形成了我国自己的浅埋结构冲击波与结构相互作用问题的理论体系和计算方法；解决了孔口防护、地下机库大跨度防护门、帆布工事、土中浅埋结构等难点的计算与设计问题；主持完成了中国工程院“21世纪中国城市地下空间发展战略及对策”、“我国重要经济目标防护措施及对策”、“反爆炸恐怖科学技术问题研究及对策”等多项国家咨询课题；主编了《民防学》、《防护结构计算原理》、《有限元法在工程结构计算中的应用》、《武器效应及其防护》、《中国城市地下空间开发利用》、《地下城市》、《我国重要经济目标防护措施及对策》、《反爆炸恐怖安全对策》、《信息化战争中的防御与防护》、《城市地下物流系统导论》、《地下空间科学开发与利用》、《高等防护结构计算理论》、《岩土中的冲击爆炸效应》等专著；发表了200多篇学术论文。1978年获全国科学大会重大科技成果奖，1987年获国家人防科技进步奖一等奖、军队科技进步奖二等奖，1990年获国家科技进步奖三等奖、军队科技进步奖二等奖，1992年获军队科技进步奖二等奖，1996年获军队科技进步奖一等奖、军队科技进步奖二等奖，1998年获国家科技进步奖二等奖，1989年、1997年两次获军队教学成果奖一等奖，2000年获军队科技进步奖二等奖，1973年、1975年各荣立三等功一次，1990年被评为国家有突出贡献中青年专家，1999年获中国人民解放军专业技术重大贡献奖。

尚彦军

1967年生。博士生导师。中科院地质与地球物理所研究员。一直从事工程地质科研工作，专业方向为施工地质灾害。通过长期对一岩（似层状碎裂岩体）和一法（多因素相互作用分析法）的研究，提出了“地质结构动态控制观”为特色的学术思想。主持国家自然基金委面上项目2项，国家大科学实验装置选址工程地质研究课题3项，参加科技部“973”项目2项、中科院知识创新工程项目1项。先后承担了企业委托课题，包括中石油地下储备库选址工程地质条件评价研究课题2

项、铁路隧道工程地质问题研究课题3项、中俄石油管道黑龙江穿越适宜深度研究课题1项等。发表科研论文100多篇,包括发表在SCI和EI期刊20多篇,专著2部。荣获2006年国际IAEG学会Richard - Wolters奖,2000年军队科技进步奖二等奖1项,2001年总参兵种部优秀计算机软件1等奖1项,2009年国家科技进步奖二等奖1项,中国科协下属三大学会青年个人奖(2003年中国地质学会"第九届青年地质科技奖 - 金锤奖"、2004年中国岩石力学与工程学会"第三届青年优秀科技奖(金奖)"、2005年中国青藏高原研究会"第五届青藏高原青年科技奖"奖)各1项。

孙晓明

1970年生。博士,教授,博士生导师。中国矿业大学(北京)力学与建筑工程学院岩土工程研究中心常务副主任,深部岩土力学与地下工程国家重点实验室(北京)助理主任。主要从事软岩工程力学与深部灾害控制等方面的研究工作。主持和参与了教育部新世纪优秀人才支持计划项目(项目编号NCET07 - 0800)、国家"973"计划项目专项课题(项目编号2006CB202203)、国家自然科学基金面上项目(项目编号50544009)、国家自然科学基金重大项目(项目编号50490270)、教育部科学技术研究重大项目(项目编号10405)、教育部创新团队发展计划项目(项目编号IRT0656)等纵向课题以及企业重点攻关项目20余项。研究成果出版著作2部,发表论文30余篇,被SCI、EI、ISTP收录20余篇次。获国家科技进步奖二等奖2项、省部级科技进步奖一等奖2项,二等奖4项。2007年入选教育部新世纪优秀人才支持计划,先后荣获"全国煤炭青年科技奖"、"中国岩石力学与工程学会青年科技奖银奖"及"煤炭工业协会锚杆支护先进个人"等荣誉称号。

谭云亮

1964年生。教授,博士生导师,山东科技大学资源与环境工程学院副院

长。首批新世纪百千万人才工程国家级人才入选者。主持完成包括国家自然科学基金项目“冲击地压孕育过程中的混沌性及可预测尺度研究”、“深部采动支承压力演化规律与巷道锚固安全潜力理论”、“深部岩层破裂与支承压力分布监测技术”等在内科研项目70余项。编著《深部巷道围岩破坏及控制》、《非线性动力学初论》等图书5部；发表学术论文210篇(被SCI、EI等收录60余篇)。获得省部级科技进步奖励13项，中国岩石力学与工程青年优秀科技奖(金奖)，孙越崎青年科技奖。

唐春安

1958年生。教授，博士生导师，教育部长江学者特聘教授，现任教于大连理工大学。主要从事岩石破坏机理及其岩石工程灾害分析、监测预警方面的研究工作，研究领域涉及岩爆、突水、瓦斯突出、矿震、地表沉陷以及岩石工程结构或边坡稳定性分析等。先后主持国家自然科学基金和部委级基础性研究课题20余项，主持国家自然科学基金重点项目“采动煤岩地质环境劣化诱发矿山动力灾害机理研究”和国际重大合作项目“岩爆机理及其预测与防治”，研究成果分别在“淮南矿业集团瓦斯突出监测预警”、“雅砻江锦屏一级水电工程(世界第一高坝)左岸高陡边坡稳定性分析与监测预警”和“锦屏二级水电工程(世界最大规模深埋隧洞群)岩爆监测预警”等10余个典型或重大工程中得到应用。近年来，在国内外多种学术刊物和会议上发表各类学术论文370多篇(其中SCI收录108篇，EI收录290多篇)。编写*Rock Failure Mechanism*、《岩石破裂过程中的灾变》、《岩石破裂过程数值试验》等学术专著6部。获得国家科技进步奖二等奖、省部级二等以上科技成果奖励7项，第四届中国青年科技奖，辽宁省青年五四奖章，宝钢教育基金优秀教师奖，辽宁省第四批省级优秀专家，并首批入选“国家百千万人才工程计划”。

汤 雷

1972 年生。博士，教授级高级工程师，江苏省“333 高层次人才培养工程”中青年科学技术带头人，南京水利科学研究院材料结构研究所副所长。长期从事地下工程结构稳定性研究，提出了适应活动断层错动和围岩后期大变形的复合衬砌新结构，以及试制成功了平面应变试验台。国家自然科学基金项目“高地应力区围岩和锚杆支护共同承载的协调性研究”、“塑性材料充填的复合衬砌的承载性能和设计方法研究”和“选择性激励红外热像结构性隐性裂纹的发现方法”的项目负责人。编写专著两部：《锚杆锚固力及锚固技术》和《大变形围岩锚杆加固和安全监测》。在国内外杂志上发表论文 40 余篇。获得专利 4 项，煤炭部和江苏省科技进步奖三等奖各 1 项。

王存文

1980 年生。博士，北京科技大学讲师。主要从事矿山动力灾害机理、监测技术及装备、预警方法方面的研究工作。提出了基于微震事件“分区性”原理的冲击地压预测方法；继承并发展了“覆岩空间结构”理论中“S”型覆岩空间结构的理论体系，得到基于“S”型覆岩空间结构的煤矿冲击地压区域预警方法和指标；在导师姜福兴教授的指导下，研发了国内具有完全自主知识产权的“BMS 矿山微震监测系统”，在国内十余座矿山安装使用，并实现了突水灾害、冲击地压灾害、海下采矿安全预警、瓦斯抽采参数设计和支架选型设计等方面的成功应用，取得了丰硕的科研成果。此外，积极开展了微震监测技术在边坡灾害监测预警、煤与瓦斯突出灾害监测预警、隧道围岩稳定性监测预警、石油工程、军事、桥梁稳定性监测预警等领域的应用研究。近五年，在微震监测技术及冲击地压预测方面发表一级期刊论文 10 余篇；作为主要研究人员，完成了国家“十一五”科技支撑计划课题 1 项，自然科学基金面上项目 2 项，国家重点基础研究发展计划“973”课题

1 项，校企合作项目 20 余项。获得省部级科技进步奖一等奖 1 项，二等奖 2 项，发明专利 1 项。

王明洋

1966 年生。博士生导师。解放军理工大学首席教授，国家杰出青年科学基金获得者，全国优秀科技工作者，全军科技领军人才培养对象。长期以来紧密结合国家、国防及人防重大科技问题及重点工程建设，主要在“冲击局部破坏效应”、“岩土中爆炸地冲击及与结构相互作用”、“结构抗冲击爆炸整体作用”和“深部岩体非线性力学行为”四个研究方向上从事科研与教学工作。主持了多项国家及军队重点项目，积累了大量基础资料，获得了有重要价值的理论与实验结果。近五年，获国家科技进步奖一等奖 1 项，国家科技进步奖二等奖 2 项，军队科技进步奖一等奖 4 项，与钱七虎院士合作出版专著 2 部，发表学术论文 100 余篇，SCI 和 EI 收录 70 余篇。

王学滨

1975 年生。博士，教授，博士生导师，辽宁工程技术大学计算力学研究所所长。主要从事的工作有：岩石（花岗岩、砂岩等）、混凝土、金属、合金（钛合金、钨合金等）、复合材料（纤维、颗粒增强等）的破坏过程及力学行为研究；数字图像相关方法（大变形、高应变梯度）开发；新型计算力学软件开发（网格自动生成、新型算法）等。2007 年博士论文《应变软化材料变形、破坏、稳定性的理论及数值分析》被评为辽宁省优秀博士论文；2008 年博士论文被评为全国百篇优秀博士论文提名论文（力学学科）。在 *Magzine of Concrete Research* 及 *Journal of Mechanics of Materials and Structures* 等杂志上发表论文多篇。主持 2 项国家自然科学基金：“基于梯度塑性本构理论的典型岩石结构稳定性分析”，“基于梯度增强拉格朗日

元法的采动条件下三维煤岩层状结构的应变局部化及稳定性研究”。主持省级项目4项。今后，将主要致力于发展一种具有自主知识产权的新型数值计算方法和实验观测手段，期望为岩石、混凝土及金属材料的变形、破坏及结构的稳定性研究作出贡献。

张镜剑

1931年生。教授。长期从事水工结构和岩土工程的模拟试验和计算机仿真分析的教学和科研工作。与龚召熊、张光斗等合作完成的《地质力学模型试验技术及其在坝工建设中的应用》项目，获1985年国家级科学技术进步奖二等奖。在该项目中首次把激光散斑技术成功引用到水上结构模型试验中，并有所发展和创新，在国内外均居领先地位。是2项“七五”国家重点科技攻关项目和2项“八五”国家重点科技攻关项目的负责人以及4项长江三峡永久船闸和大坝压力引水管研究项目负责人，获省部级以上科学技术进步奖6项。发表论文80余篇，其中12篇在国际学术会议上宣读，收入论文集。与同行合作编写专著共8部。近期发表主要论文有《岩爆及其判据和防治》和《应变型岩爆五因素缩颈合判据及其分级》。

周 辉

1972年生。博士生导师，中国科学院武汉岩土力学研究所研究员。以高应力和高水压导致的深埋岩体工程岩爆和突水等重大工程灾害为背景开展了多年研究，在高应力和高水压条件下的岩石力学特性，力学模型和多场耦合理论，新型数值模拟方法，工程安全性分析新方法等方面取得一系列进展，形成了复杂条件下岩体工程安全性分析的系统理论和方法。发表论文110余篇，其中被SCI收录14篇，EI收录82篇，ISTP收录16篇；参著专(译)著各1部；发明专利4项、实用新型

专利9项、软件登记6项。主持国家自然科学基金项目5项,主持和参与“973”、“863”、中科院知识创新工程重要方向项目等其他各类项目和课题15项,主持国家重大工程科研项目10余项。获国家科技进步奖二等奖1项、湖北省科技进步奖一等奖2项、中国岩石力学与工程学会第六届青年科技奖金奖、第二届武汉青年科技奖、中国科协期刊优秀学术论文奖1项。

周小平

1970年生。教授,博士生导师,现任教于重庆大学。主要围绕裂隙岩体损伤演化规律和损伤局部化机理、复杂形状边坡工程围岩损伤局部化破坏机制、高应力状态下深部裂隙岩体分区破裂化破坏机理和地应力测量等方向开展科学研究。主持和主研了国家科技攻关项目、国家自然科学基金项目和重庆市杰出青年科学基金项目等国家和省部级项目16项,横向项目20项。发表学术论文100余篇(SCI收录33篇,EI收录66篇),出版专著2部,获国家科技进步奖二等奖1项,省部级科技奖7项。发明专利1项。2006年获中国岩石力学与工程学会青年科技奖金奖,2007年入选教育部新世纪优秀人才,2009年获重庆市杰出青年科学基金,2010年获重庆青年科技奖,2010年评聘为重庆市高校巴渝学者特聘教授。

部分媒体报道

中国科协学术沙龙探索岩爆机理

陈 瑜

我国很多工程开发已进入深部地下空间,不少工程都遇到了岩爆现象,近年来更发生了多起岩爆引起的重大事故,造成人员伤亡和施工设备的严重破坏。2011年7月8日在京召开的中国科协第51期新观点新学说学术沙龙探讨了岩爆机理,意在通过广泛深入的交流,提高岩爆机理定量研究的理论技术水平和岩爆控制的技术措施。

中国岩石力学与工程学会理事长钱七虎院士说,虽然以岩爆为主题的国际学术会议已经举行了十多次,但是岩爆机理的研究大多停留在定性解释的阶段,岩爆的预测预警也进行了大量工程实践的探索和研究,取得了不少成功的经验,但是尚未上升到系统的理论,甚至有专家断言岩爆的科学预报不可能实现。

我国现阶段的岩石工程规模大、难度高,为世界所瞩目,但不少工程都遇到了岩爆现象。因岩爆引起的重大事故严重阻碍了工程的顺利进行。岩石工程的实践已经向岩石工程技术工作者提出了严重的挑战。岩爆机理及其预测预报预警的研究已经成为我国岩石学界必须致力解决的关键科学问题和技术难题。为解决深部地下矿产能源资源开发,西南巨大水能资源开发,长距离、大埋深交通隧道开挖,高放核废料地下处置等一系列深部岩石工程问题,岩石力学工作者特别是岩爆研究的技术人员,必须深入研究和弄清岩爆的机理,为深部岩石工程顺利开展提供科学理论和技术支持。

此次沙龙主要围绕岩爆的孕育条件、发生发展机理、定性定量预测预报预警方法,岩爆对工程围岩的冲击破坏,岩爆条件下的巷道支护和围岩稳定性问题,岩爆防治、控制的技术措施以及岩爆相关的其他问题等主题进行了研讨。

《科技日报》(2011年7月13日)

钱七虎院士：规避岩爆事故重在机理研究

苏　洋　潘　希

近年来，我国发生了多起岩爆引起的重大事故，造成了人员伤亡和施工装备的破坏，严重阻碍了工程的顺利进行。近日，中国科协主办的第51期新观点新学说学术沙龙举行，谈到岩爆问题的重要性和紧迫性，我国防护工程专家、中国工程院院士钱七虎感慨良多。

他说："我国现阶段岩石工程规模大、难度高。无论是矿山工程、水电工程还是交通工程，很多都需要开发进入深部地下空间，不少工程都遇到了岩爆现象。岩爆机理及其预测、预报和预警研究，已成为我国岩石力学界必须致力解决的关键科学问题和技术难题。"

2009年11月28日凌晨，四川锦屏二级电站施工排水洞突发极强岩爆灾害，导致整个支护系统被摧毁并引起大规模岩体坍塌，7人遇难，1人受伤。2010年7月30日，江苏徐州矿务集团张双楼煤矿发生岩爆灾害，在该区域作业的18名矿工有6人被埋身亡。

地下工程施工开挖期间，岩体中聚积的弹性变形能突然猛烈释放，使岩石爆裂并弹射出岩块的现象，叫做岩爆。严重的岩爆像小地震一样，可将几吨重的石块弹射到几十米以外，释放的能量相当于200多吨TNT炸药。

但是，目前的岩爆机理研究大多停留在定性解释阶段，岩爆的预测预警虽进行了大量工程实践的探索和研究，取得了不少成功的经验，但是尚未上升到系统的理论，甚至有专家断言岩爆的科学预报不可能实现。

钱七虎认为："过去我们比较注重静力学研究，现在逐渐转入注重动力学来研究岩爆问题。而且，不仅从岩石材料方面考虑岩爆性质，更重要是从工程系统的角度讨论岩爆的现象，并且注意研究岩爆从静力学到动力学的全过程。"

《科学时报》(2011年7月15日)

世界性难题牵绊大工程进展
钱七虎院士：岩爆机理尚待摸底

刘　根

"虽然以岩爆为主题的国际学术会议已经举行了十多次，但是岩爆机理的研究大多停留在定性解释的阶段。岩爆的预测预警也进行了大量工程实践的探索和研究，取得了不少成功的经验，但是尚未上升到系统的理论。"

在日前举行的中国科协第51期新观点新学说学术沙龙上，我国著名防护工程和地下工程专家、中国岩石力学与工程学会理事长、中国工程院院士钱七虎道出了我国岩石力学界面临的困惑。

所谓岩爆，是一种非常严重的工程地质灾害现象，具有突发性和猛烈性。无论是矿山工程，还是水电工程和交通工程，随着我国很多工程的开发进入深部地下空间，不少工程都遇到了岩爆现象，造成了人员伤亡和施工装备的严重破坏，严重阻碍了工程的顺利进行。

岩爆灾害的频繁发生引起了人们关注。与会专家认为，虽然国内外对岩爆的研究已有大量成果。不可否认的是，岩爆仍是世界性难题之一。症结究竟在哪里？

"国内现行地下工程建设规程、规范或指导性文件，大都缺少对岩爆的系统论述。"中科院地质与地球物理研究所的研究员傅冰骏，年过八旬却对老专业依旧痴心不改。

钱七虎直言，岩爆机理及其预测预报预警的研究，已成为我国岩石力学界必须致力解决的关键科学问题和技术难题。

当与会专家纠结于岩爆机理时，北京科技大学微地震监测研究中心主任姜福兴将话题切入了矿山开采。包括矿震、冲击地压、岩爆等在内的矿山动力灾害，近几十年来机理的研究进展不大，大多成果依旧停留在"哲学"和"力学"层面，而实用的动力灾害机理模型需包含"工程"甚至"工艺"要素。

"矿震、冲击地压、岩爆等名词的混用，导致用治理冲击地压的方法治理矿震，结果是大量投入没有效果；用治理矿震的方法去治理冲击地压，结果是仍然发生冲击灾害。”姜福兴建议，学术界和工程界需要对动力灾害领域的相关名词统一界定，使学术讨论和工程应用有一个统一的标准和方向。

钱七虎呼吁，岩石力学工作者特别是岩爆研究的技术人员，必须深入研究和弄清岩爆的机理，为深部岩石工程顺利开展提供科学理论和技术支持，更好地解决深地下矿产能源资源开发。西南巨大水能资源开发，长距离、大埋深交通隧道开挖，高放射核废料地下处置等一系列深部岩石工程问题。

姜福兴坦言，诸如岩爆之类的动力灾害技术标准亟须补充和修改，治理标准目前尚未统一，监测预警方面也缺乏统一的预警指标体系。他建议，在中国科协、中国岩石力学与工程学会等机构的主导下，向科技部、国家自然科学基金委等建议，设立长期、滚动式的科研资助，从政府层面上组织长期攻关。

《大众科技报》(2011 年 7 月 15 日)